Der jährliche Gang

der

Luft- und Bodentemperatur

im Freien und in Waldungen

und der

Wärmeaustausch im Erdboden.

Von

Dr. J. Schubert,

Professor an der Forstakademie Eberswalde.

Springer-Verlag Berlin Heidelberg GmbH 1900

ISBN 978-3-662-38721-4   ISBN 978-3-662-39608-7 (eBook)
DOI 10.1007/978-3-662-39608-7

Vorwort.

Seiner Excellenz dem Herrn Oberlandforstmeister Donner und den hohen Behörden, welche die Herausgabe dieser Schrift gütigst gefördert haben, sage ich hiermit meinen gehorsamsten Dank.

Die vorliegende Bearbeitung der Temperaturbeobachtungen auf den forstlich-meteorologischen Stationen in Preussen, Braunschweig und Elsass-Lothringen zerfällt in einen klimatologischen und einen physikalischen Theil.

Im ersteren wird der jährliche Gang der Luft- und Bodentemperatur und die Abhängigkeit von geographischer Länge und Breite und von der Seehöhe behandelt. Ferner wird für die drei Holzarten: Kiefer, Fichte, Buche festgestellt, wieviel die Luft- und Bodentemperatur im Walde von der im Freien abweicht. Hierbei ist der Versuch gemacht, die Unterschiede der Lufttemperatur zwischen Feld und Wald im wahren Tagesmittel unter Berücksichtigung des Einflusses der Thermometeraufstellung anzugeben.

Der zweite Theil beschäftigt sich mit der Wärmebewegung im Erdboden. In der Bearbeitung der Preisschrift über die Königsberger Bodentemperaturen hat Herr Schmidt gezeigt, wie die Theorie der Wärmeleitung von Fourier und Poisson unter gewissen, seit langem von Herrn Wild betonten Einschränkungen sehr wohl auf die wirklichen Verhältnisse des Erdbodens anwendbar sei. Auf Grund dieser Theorie sind die Wärmeleitungskonstanten für sämmtliche Stationen berechnet. Dabei ist eine einfache Näherungsmethode angewandt, die für Eberswalde durch Vergleich mit genaueren Resultaten geprüft wurde. — Die Ergebnisse in Betreff der Wärmeleitung sind benutzt, um trotz der geringen Tiefe, bis zu der die Messungen reichen, die im Boden aufgespeicherte Wärmemenge zu berechnen. Die Anregung hierzu war geboten durch die grundlegende Arbeit des Herrn von Bezold über den Wärmeaustausch an der Erdoberfläche und die anschliessenden Untersuchungen des Herrn Homén.

Bei der Fülle des Materials der 32 Stationen haben die durchzuführenden Rechnungen keinen geringen Aufwand an Zeit und Mühe verursacht. Es schien daher zweckmässig, die Methoden unter Vermeidung überflüssigen Rechenwerkes dem Genauigkeitsgrad der Beobachtungen anzupassen.

Für verschiedene, theils in der Natur des Materials begründete, theils durch äussere Ursachen herbeigeführte Mängel der Untersuchung bittet der Verfasser um Nachsicht.

Eberswalde, im Oktober 1899.

Johannes Schubert.

Inhalt.

Erster Theil.

Die Luft- und Bodentemperatur.

1. Einleitung.

In den Jahren 1874 bis 1881 sind durch die forstlichen Versuchsanstalten in Preussen, Braunschweig, Thüringen und Elsass-Lothringen, sowie durch das Landesdirektorium der Provinz Hannover eine Reihe meteorologischer Doppelstationen eingerichtet zu dem Zweck, die klimatischen Verschiedenheiten des Waldinnern und des freien Feldes durch vergleichende Beobachtungen an je zwei benachbarten Oertlichkeiten festzusetzen.

In der vorliegenden Bearbeitung der Boden- und Lufttemperatur sind die Monatsmittel bis zum Ende des Jahres 1890 benutzt. Nur in Carlsberg, wo im Februar 1886 eine Verlegung der Station stattfand, und in Lintzel ist dieser Zeitpunkt behufs Erlangung voller Jahrgänge überschritten.

Unterbrechungen der Beobachtungen der Bodentemperatur wurden u. A. durch Beschädigung der Thermometer, durch Einfrieren der Holzleisten, an denen die Thermometer befestigt waren, zuweilen durch Schneeverwehung und namentlich durch Grundwasser verursacht. Letzteres war besonders häufig auf der Feldstation zu Marienthal, auf der Waldstation zu Hagenau und auf der Feldstation, sowie weniger häufig auf der Waldstation zu Sonnenberg. Es haben daher vielfach Interpolationen, auch ganzer Monatsmittel, stattfinden müssen. Wo die Beobachtungen sehr lückenhaft waren und die Ergänzung mit Hülfe der benachbarten Tiefen und der anderen Station somit unsicher wurde, sind die Mittelzahlen durch einen beigesetzten Stern (*) gekennzeichnet. Der Nachweis der vorhandenen Lücken findet sich in den einzelnen Jahresberichten über die Beobachtungsergebnisse der forstlich-meteorologischen Stationen.

I. Verzeichniss

Nr.	N a m e	Länge		Breite		Seehöhe		Umgebung der Feldstation
		°	′	°	′	Feld m	Wald m	
								Norddeutsches
1	Kurwien	21	29	53	34	131	130	Acker und Wiese
2	Fritzen	20	34	54	50	36	32	Acker
3	Eberswalde . . .	13	50	52	50	42	48	»
4	Marienthal . . .	10	59	52	16	138	145	»
5	Lintzel	10	15	52	59	97	96	»
6	Hadersleben . . .	9	30	55	16	33	33	Obstgarten, Acker und Weide
7	Schoo	7	34	53	36	6	7	Weide
								Mitteldeutsches
8	Carlsberg	16	20	50	28	720 758	720 755	Wiese Acker
9	Schmiedefeld . .	10	48	50	37	711	713	Acker und Weide[7])
10	Friedrichsrode . .	10	34	51	22	441	447	Acker[8])
11	Sonnenberg . . .	10	31	51	46	776	778	Wiese
12	Lahnhof	8	15	50	54	607	582	Acker
13	Hollerath	6	24	50	28	615	615	Acker und Wiese
								Elsass-
14	Hagenau	7	48	48	50	150	150	Wiese und Acker
15	Neumath	7	18	48	59	350	355	» » »
16	Melkerei	7	18	48	25	909	939	Wiese

[1]) Im Süden der Feldstation in 20 m Entfernung ist 1878 eine Fläche von 7 ha mit Kiefern aufgeforstet.

[2]) Mit einzelnen Birken, Espen, Eichen und Kiefern.

[3]) Ein milderer, in den oberen Lagen durch Beimischung von Sand und Humus gelockerter Thonboden unweit der Grenze einer diluvialen Ueberlagerung von Lehm.

[4]) Kiefern- und Eichenschonung mit einzelnen älteren Bäumen.

[5]) Mit einzelnen 130—150 jährigen Eichen.

[6]) Im zweiten Bestand einzelne gleich alte, zum Theil überwachsene Tannen.

der Stationen.

Waldbestand		Nächste Entfernung von der Waldgrenze		Bodenart	Gegend
Art	Alter Jahre	Feld m	Wald m		
Tiefland.					
Kiefer	90—150	207[1])	132	Diluvium; Sand	Masuren; Johannisburger Haide
Fichte[2])	55	80	140	Diluvium; frischer, humoser, lehmiger Sand	Ostpreussen; samländische Küste
Kiefer	55	125	265	Diluvium; Sand; im Walde Untergrund von Lehm	Mark Brandenburg
Buche	65—70	300	200	Cardinienschicht des unteren Lias; Thon[3])	Braunschweig
Kiefer[4])	(5)	150	300	Diluvium; Sand	Lüneburger Haide
Buche[5])	80—90	125	120	Diluvium; frischer Lehm mit Mergeluntergrund	Schleswig
Kiefer	30	200	500	Brauner Sand, 75—100 cm stark, mit Untergrund v. Lehm	Ostfriesische Küste
Bergland.					
Fichte[6])	50 / 80—100	180	180 / 190	Frischer, lehmiger Sand auf Quadersandstein	Schlesien; am Fusse der Heuscheuer
Fichte	65—75	300	150	Porphyr; in 1 m Untergrund von Granit	Thüringen
Buche	80—90	112	347	Oberer Wellenkalk	Plateau der Hainleite
Fichte	50—55	100	198	Granit[9])	Harz b. St. Andreasberg
Buche	75—80	750	195	Grauwacke	Ostniederrheinisches Bergland
Fichte	55	110	100	Grauwacke	Eifel
Lothringen.					
Kiefer	65—75	1270	668	Frischer, schwach mit Kies gemengter, humoser Diluvial-Sand[10])	Unter-Elsass; rheinische Tiefebene
Buche	55	250	250	Unterer Muschelkalk	Lothringen; Plateau des nordwestlichen Abhanges der Vogesen
Buche[11])	70—90	1200	1600	Verwitterungsprodukt von Granit[12])	Unter-Elsass[13])

[7]) Nach NE sanft geneigt.
[8]) Nach NNE geneigt.
[9]) Auf dem Felde mit einer 10 cm starken humosen und einer 20 cm starken lehmhaltigen Granitschicht, im Walde mit schwacher Humusdecke.
[10]) Mit Thonunterlage in ca. $1^1/_2$ m Tiefe.
[11]) Mit einigen Tannenhorsten durchsetzt.
[12]) Grobkörnig, feldspathreich; im Untergrunde steinig; sehr fruchtbar.
[13]) An einem mit ca. 17° gegen SE abfallenden Berghange eines durchschn. 1000 m hohen Bergrückens.

Die in den Tafeln angegebenen Tiefen der ¡Bodenthermometer beziehen sich auf die Mitte der Quecksilbergefässe. Die Thermometer an der Oberfläche und in 15 cm Tiefe waren durch unterhalb durchbrochene, oben vorne offene Blechhüllen geschützt und in die Erde gegraben, wo sie mit Ringen und kleinen eisernen Dreifüssen gehalten wurden. Bei dem obersten Thermometer sollte der obere Theil des Quecksilbergefässes gerade noch sichtbar sein, so dass die Mitte des Quecksilbergefässes etwa 1 cm unter der Oberfläche liegt. Die Fehler dieser Thermometer sind meist nur vor dem Eingraben bestimmt.

Die tieferen Thermometer in 30, 60, 90 und 120 cm haben die Lamont'sche Aufstellung. Sie sind in Holzleisten von $4 \times 5\,^1/_2$ cm Querschnitt eingelassen. Diese vier Holzleisten stecken in einem treppenförmig abgestuften mit Zwischenwänden versehenen Holzkasten von 2 cm Wandstärke und haben seitliche Ansätze zum Aufliegen und Eisenbügel zum Herausziehen. Oben ist ein kleiner hölzerner Schutzkasten übergesetzt. Die Korrektionen dieser Thermometer sind vor dem Einsetzen und dann in Zwischenräumen von einigen Jahren bestimmt.

In den gleichen Zwischenräumen sind auch die Tiefen der Thermometer nachgemessen und nöthigenfalls durch Aufschütten oder Fortnehmen von Erde verbessert. Die Tiefenfehler dürften im Allgemeinen einen oder wenige Centimeter nicht übersteigen, nur in einzelnen Fällen wie in Sonnenberg bedingt die Unebenheit des Bodens in der Nachbarschaft der Thermometer eine geringere Genauigkeit.

Der Schnee ist nur soweit fortgeschafft, als es zur Anstellung der Beobachtungen erforderlich war.

Die Beobachtungen fanden um 8 Uhr Vormittags und 2 Uhr Nachmittags zuerst auf der Feldstation, darauf im Walde statt. Wegen der verschiedenen gegenseitigen Entfernung der beiden Stationen ist der durchschnittliche Zeitunterschied nicht überall der gleiche.

Die Lufttemperatur ist nach den Beobachtungen der Forstlichen Hütte angegeben. Die Tafeln enthalten die Höhen der Thermometergefässe über dem Erdboden.

Ferner sind die Seehöhen in Metern für die einzelnen Feld- und Waldstationen beigefügt, doch sind diese Angaben im Allgemeinen nur als angenäherte anzusehen, da zwar, mit Ausnahme von Schmiedefeld, die Barometerhöhen, nicht aber die der Feld- und Waldstationen durch Nivelliren bestimmt sind.

Im vorstehenden Verzeichniss (S. 2 und 3) sind die Stationen in drei Gruppen von Nord nach Süd und innerhalb einer jeden von Ost nach West geordnet.

Das Alter des Waldbestandes bezieht sich etwa auf die Mitte des Beobachtungszeitraumes.

2. Der jährliche Gang der Temperatur im Freien.

Die in der Tafel II enthaltenen aus den Beobachtungen um 8^a und 2^p berechneten Mitteltemperaturen können nur für die drei grösseren Tiefen als Tagesmittel gelten. Einen Anhalt für die Abweichungen vom Tagesmittel gewähren die zweistündlichen Beobachtungen, die vom 16. bis 30. Juni 1879 zu Eberswalde angestellt sind[1]). Danach sind an die Mittel $\frac{1}{2} (8^a + 2^p)$ noch folgende Korrektionen anzubringen, um sie auf Tagesmittel zurückzuführen:

Eberswalde, Feld.

Luft	1	15	30	60	90	120 cm
—2,52	— 1,90	0,17	0,47	0,00	— 0,01	0,01 °

Für die Oberfläche (1 cm) ist also das Mittel $\frac{1}{2} (8^a + 2^p)$ wesentlich zu hoch, doch wird der Fehler in der kälteren Jahreszeit geringer sein als in der warmen. Eine Reduktion der Erdboden-Thermometer auf Tagesmittel hat nicht stattgefunden und bei den drei tieferen Thermometern kommt dieselbe, wie man sieht, überhaupt nicht in Betracht.

Für die Lufttemperatur zu Eberswalde liegen achtjährige, zweistündliche Ablesungen an Richard'schen Thermographen vor, die im Felde und im Kiefernwalde in einer mit Zink bekleideten, nach Norden und zum Theil auch unten offenen Holzhütte in 1,3 m aufgestellt waren und nach einem nebenhängenden Quecksilberthermometer korrigirt wurden. Nach denselben ergeben sich auf der Eberswalder Freistation für die Mittel $\frac{1}{2} (8^a + 2^p)$ folgende

Korrektionen auf Tagesmittel.

Jan.	Febr.	März	April	Mai	Juni	Juli	Aug.	Sept.	Okt.	Nov.	Dec.	Jahr
—0,5	—0,7	—1,1	—2,0	—2,6	—2,8	—2,6	—2,2	—2,0	—1,1	—0,6	—0,4	—1,6

[1]) Jahresbericht der forstlich-meteorolog. Stationen 1885, Berlin 1886, S. 96. — A. Müttrich, Beobachtungen der Erdbodentemperaturen. Festschr. d. Forstakademie Eberswalde. Berlin 1880, S. 146.

Diese Korrektionen haben zwar einen regelmässigen Verlauf, sind aber sehr gross und können für andere Orte mit verschiedenem Temperaturgang keine sichere Reduktion verbürgen. Deshalb habe ich noch eine andere Kombination $\frac{1}{3}$ (Minim. $+ 8^a + 2^p$) gebildet, die im Gegensatz zu $\frac{1}{2}$ ($8^a + 2^p$) durchweg unter dem Tagesmittel liegt.

Für diese Kombination sind die

Korrektionen auf Tagesmittel:

Jan.	Febr.	März	April	Mai	Juni	Juli	Aug.	Sept.	Okt.	Nov.	Dec.	Jahr
0,5	0,5	0,5	0,4	0,3	0,2	0,2	0,2	0,2	0,3	0,3	0,4	0,3

Die Abweichung der nach beiden Arten berechneten Tagesmittel von einander giebt einen Massstab für die Richtigkeit. Im Allgemeinen erreichen diese Abweichungen nur wenige Zehntel Grad. Aus beiden Resultaten ist schliesslich das Mittel genommen und bei der Abrundung die Kombination aus 3 Werthen bevorzugt. Wo die Resultate beider Rechnungen um mehr als $0,5^{0}$ von einander abweichen, ist das Schlussmittel in Tafel III mit einem Stern (*) versehen. Es kommt dies nur in Kurwien und Hagenau vor, wo sich für den Sommer folgende Werthe ergaben:

Aus:	Kurwien			Hagenau		
	Juni	Juli	Aug.	Juni	Juli	Aug.
$\frac{1}{2}$ ($8^a + 2^p$)	16,7	18,0	16,8	17,7	18,9	18,6
$\frac{1}{3}$ (Min. $+ 8^a + 2^p$)	15,7	17,0	15,7	17,4	18,5	17,8

Die Reduktion von $\frac{1}{2}$ ($8^a + 2^p$) ist offenbar eine zu schwache, während z. B. in Hadersleben bei der ersten Berechnung anscheinend eine Ueberreduktion[1] eingetreten ist.

Aus:	Hadersleben		
	Juni	Juli	Aug.
$\frac{1}{2}$ ($8^a + 2^p$)	14,0	15,3	15,1
$\frac{1}{3}$ (Min. $+ 8^a + 2^p$)	14,2	15,7	15,2

Dies Verhalten erklärt sich aus der Verschiedenheit des täglichen Temperaturganges, der bei den erstgenannten beiden Stationen stärker,

---

[1] Vgl. E. Leyst, Untersuch. über die Bodentemperatur in Königsberg i. Pr. Schrift. d. physikal.-ökonom. Ges. Königsberg i. Pr. 33. Jahrg., 1892, S. 34.

bei der Küstenstation Hadersleben schwächer ausgeprägt ist als in Eberswalde.

Die Hüttenangaben sind, wie ich mehrfach nachgewiesen[1]), nicht frei von Strahlungseinflüssen, doch machen sich diese beim Tagesmittel erheblich weniger geltend als etwa in den Mittagsstunden. Von einer Korrektion der einzelnen Stationen auf wahre Lufttemperatur ist jedoch Abstand genommen, da es nicht sicher schien, dass die Vergleichbarkeit dadurch wesentlich erhöht worden wäre.

Schliesslich ist die Vergleichbarkeit der Stationen noch durch die verschiedene Beobachtungsdauer beeinträchtigt, doch wird die Frage „in wie weit die Bodentemperatur ähnlichen Gesetzen folgt wie die Lufttemperatur" hiervon weniger berührt.

II. Luft- und Bodentemperatur. $\frac{1}{2}(8^a + 2^p)$. Feldstationen.

	Jan.	Febr.	März	April	Mai	Juni	Juli	Aug.	Sept.	Okt.	Nov.	Dec.	Jahr

Norddeutsches Tiefland.

Kurwien. 1876—90.

	Jan.	Febr.	März	April	Mai	Juni	Juli	Aug.	Sept.	Okt.	Nov.	Dec.	Jahr
1,3 m	—4,1	—2,3	0,5	8,9	14,8	19,5	20,6	19,0	14,9	7,5	1,9	—2,9	8,2
1 cm	—2,4	—1,3	0,8	8,9	15,5	21,3	22,0	19,8	15,7	7,6	2,2	—0,8	9,1
15 »	—1,6	—1,2	0,1	6,1	12,5	17,3	18,7	17,4	13,6	7,0	2,7	0,0	7,7
30 »	—0,6	—0,5	0,2	4,6	10,7	15,3	16,9	15,8	12,8	7,6	3,5	1,0	7,3
60 »	0,8	0,5	0,9	4,5	10,2	14,5	16,4	15,8	13,4	8,7	4,8	2,2	7,7
90 »	1,8	1,4	1,5	4,2	9,1	13,1	15,1	15,1	13,4	9,4	5,8	3,4	7,8
120 »	2,9	2,3	2,1	4,1	8,2	11,8	14,0	14,4	13,2	10,0	6,7	4,4	7,8

Fritzen. 1876—90.

	Jan.	Febr.	März	April	Mai	Juni	Juli	Aug.	Sept.	Okt.	Nov.	Dec.	Jahr
1,2 m	—3,0	—1,7	0,1	7,7	13,3	18,0	19,6	18,7	15,1	7,8	2,4	—1,9	8,0
1 cm	—0,6	—0,2	0,2	5,3	11,8	16,8	18,1	17,0	13,8	7,8	3,5	0,5	7,8
15 »	—0,7	—0,5	—0,3	3,9	10,2	15,2	16,9	16,1	13,2	7,6	3,4	0,5	7,1
30 »	—0,6	—0,5	—0,2	4,1	10,4	16,0	17,9	16,9	13,8	7,8	3,5	0,6	7,5
60 »	0,5	0,3	0,3	3,2	9,3	14,7	16,9	16,6	14,3	9,1	4,6	1,9	7,6
90 »	1,2	0,8	0,8	2,6	8,0	13,2	15,7	16,0	14,2	9,8	5,5	2,7	7,5
120 »	1,8	1,3	1,1	2,3	7,0	11,9	14,6	15,2	14,0	10,3	6,3	3,5	7,4

[1]) Meteorologische Zeitschr. 1893 S. 451, 1895 S. 185 u. 361, 1898 S. 134. — Zeitschr. f. Forst- u. Jagdwesen, Berlin. 1892 S. 119, 1893 S. 441, 1895 S. 509, 1897 S. 575.

	Jan.	Febr.	März	April	Mai	Juni	Juli	Aug.	Sept.	Okt.	Nov.	Dec.	Jahr
Eberswalde. 1876—90.													
1,3 m	—1,4	0,3	2,9	9,3	15,0	19,2	20,2	19,3	15,5	8,9	3,5	—0,3	9,4
1 cm	—0,3	0,5	3,1	9,5	16,1	20,4	20,9	19,8	16,3	9,5	4,4	0,8	10,1
15 »	—0,1	0,3	2,2	8,0	14,4	18,2	19,2	18,2	15,0	9,0	4,3	1,2	9,2
30 »	0,0	0,2	1,4	6,3	11,8	16,3	17,9	17,2	14,1	9,1	4,4	1,5	8,3
60 »	1,2	0,9	1,8	6,0	11,2	15,4	17,2	17,0	14,7	10,3	5,8	2,8	8,7
90 »	2,0	1,5	2,0	5,4	10,2	14,2	16,3	16,5	14,7	10,9	6,7	3,8	8,7
120 »	2,7	2,1	2,4	5,1	9,4	13,2	15,3	15,9	14,6	11,4	7,5	4,6	8,7
Marienthal. 1879—90.													
1,4 m	—1,0	0,8	3,5	9,1	15,1	18,2	19,6	18,8	16,1	8,9	4,1	0,1	9,4
1 cm	0,1	0,2	1,8	7,0	13,2	17,2	18,2	16,6	13,8	8,6	4,1	1,1	8,5
15 »	0,8	0,6	1,8	6,2	11,8	15,5	17,1	16,2	13,8	9,2	4,9	2,0	8,3
30 »	0,8*	0,9*	2,2*	6,2	11,5	15,4	16,9	16,1	13,8	9,2	4,9	2,1	8,3
60 »	2,0*	1,7*	2,5*	5,7	10,4	14,1	16,0	15,8	14,1	10,4	6,2	3,4*	8,5
90 »	2,9*	2,2*	2,7*	5,0	9,0	12,5	14,6	15,0	14,0	11,1	7,3	4,6*	8,4
120 »	3,6*	2,8*	3,0*	4,7	8,0	11,2	13,5	14,2	13,8	11,6	8,3	5,7*	8,4
Lintzel. 1. Juli 1881—91.													
1,4 m	—0,7	0,7	2,9	8,5	15,0	18,0	19,3	17,9	15,2	8,5	3,9	0,2	9,1
1 cm	— 0,3	0,9	3,2	8,8	15,9	20,0	20,8	18,3	14,8	8,3	3,7	0,5	9,6
15 »	0,7	0,8	1,9	6,1	12,1	15,9	17,5	16,0	13,4	8,6	4,6	1,8	8,3
30 »	0,9	0,9	1,7	5,4	10,8	14,5	16,3	15,3	13,1	8,8	4,9	2,1	7,9
60 »	2,0	1,7	2,3	5,4	10,1	13,6	15,6	15,1	13,5	9,9	6,2	3,4	8,2
90 »	2,8	2,2	2,6	4,9	9,0	12,5	14,7	14,6	13,4	10,4	6,9	4,3	8,2
120 »	3,5	2,8	2,9	4,7	8,2	11,5	13,8	14,1	13,2	10,7	7,6	5,1	8,2
Hadersleben. 1877—90.													
1,5 m	0,1	0,5	2,1	6,9	12,7	16,8	17,9	17,3	14,3	8,5	4,2	0,5	8,5
1 cm	0,6	0,9	2,0	6,5	11,5	15,3	17,1	16,1	13,1	8,4	4,3	1,4	8,1
15 »	1,2	1,0	1,5	4,3	9,3	13,4	15,3	14,8	12,5	8,6	4,9	2,1	7,4
30 »	1,4	1,1	1,5	4,1	8,9	12,9	14,7	14,4	12,5	8,8	5,2	2,4	7,3
60 »	2,5	2,0	2,2	4,2	8,3	11,9	14,0	14,1	12,7	9,6	6,3	3,7	7,6
90 »	3,2	2,6	2,6	4,1	7,5	10,9	13,0	13,5	12,7	10,1	7,1	4,5	7,7
120 »	3,8	3,1	3,0	4,1	7,0	10,1	12,2	12,9	12,5	10,4	7,6	5,2	7,7
Schoo. 1877—90.													
1,3 m	0,5	2,0	3,8	8,5	13,2	16,8	17,9	17,8	15,2	9,5	4,9	1,1	9,3
1 cm	1,1	1,8	3,0	7,6	13,0	17,0	17,8	16,4	13,8	9,2	5,0	1,9	9,0
15 »	1,6	1,9	2,8	6,4	11,0	15,0	16,1	15,4	13,3	9,4	5,5	2,6	8,4
30 »	2,1	2,1	2,8	6,0	10,2	13,9	15,5	15,2	13,3	9,7	6,0	3,1	8,3
60 »	3,3	2,9	3,3	5,8	9,1	12,5	14,2	14,5	13,4	10,6	7,2	4,6	8,5
90 »	4,1	3,5	3,7	5,6	8,5	11,5	13,4	13,9	13,3	11,0	8,1	5,5	8,5
120 »	4,5	3,8	3,9	5,4	7,9	10,7	12,6	13,3	13,0	11,2	8,5	6,1	8,4

Mitteldeutsches Bergland.

Carlsberg. Februar 1877—91.

	Jan.	Febr.	März	April	Mai	Juni	Juli	Aug.	Sept.	Okt.	Nov.	Dec.	Jahr
1,2 m	—4,8	—3,2	—0,7	5,5	11,3	14,9	16,5	15,6	12,3	5,4	0,5	—3,8	5,8
1 cm	—0,5	—0,4	0,3?	4,3?	11,2?	15,1?	16,5?	15,5?	11,9	6,5	2,4	0,1	6,9?
15 »	—0,2	—0,3	0,0	2,9	9,0	13,0	14,6	14,2	11,4	6,7	2,8	0,6	6,2
30 »	—0,5	—0,5	—0,1	2,6	8,4	12,4	14,4	13,8	11,2	6,6	2,8	0,6	6,0
60 »	1,0	0,7	0,7	2,6	7,5	11,4	13,5	13,5	11,8	8,0	4,4	2,1	6,4
90 »	1,9	1,4	1,4	2,5	6,5	10,1	12,3	12,8	11,7	8,5	5,2	3,1	6,4
120 »	2,7	2,1	1,8	2,5	5,8	9,1	11,3	12,2	11,5	9,0	6,0	3,8	6,5

Schmiedefeld. 1882—90.

	Jan.	Febr.	März	April	Mai	Juni	Juli	Aug.	Sept.	Okt.	Nov.	Dec.	Jahr
1,3 m	—3,0	—2,5	0,4	5,7	11,6	14,6	15,8	15,0	12,3	5,4	0,7	—3,1	6,1
1 cm	—1,7	—1,5	0,0	4,6	13,2	17,3	18,0	15,9	11,7	5,5	1,3	—1,0	6,9
15 »	—1,0	—1,0	—0,5	2,4	10,4	14,6	16,0	14,4	10,8	5,6	1,9	—0,1	6,1
30 »	0,2	—0,1	—0,1	1,8	8,5	12,6	14,5	13,6	11,2	6,5	2,8	0,8	6,0
60 »	1,4	0,9	0,7	1,5	6,7	11,0	13,2	13,2	11,6	7,8	4,4	2,1	6,2
90 »	2,3	1,7	1,4	1,8	5,4	9,3	11,7	12,3	11,4	8,6	5,5	3,2	6,2
120 »	2,8	2,2	1,8	1,9	4,5	8,0	10,4	11,3	10,8	8,8	6,2	3,9	6,1

Friedrichsrode. 1876—90.

	Jan.	Febr.	März	April	Mai	Juni	Juli	Aug.	Sept.	Okt.	Nov.	Dec.	Jahr
1,3 m	—2,1	—0,5	1,8	7,6	12,8	16,6	17,7	17,2	13,8	7,4	2,4	—1,4	7,8
1 cm	—0,6	—0,3	1,5	7,1	13,0	16,8	18,1	17,0	13,1	7,4	2,9	0,3	8,0
15 »	—0,4	—0,2	1,1	5,8	11,3	15,4	16,7	15,8	12,5	7,4	3,1	0,7	7,4
30 »	—0,3	—0,3	0,8	4,9	10,5	14,8	16,3	15,4	12,1	7,5	3,4	1,0	7,2
60 »	1,3	0,8	1,3	4,4	9,2	13,3	15,2	15,1	12,8	9,0	5,1	2,7	7,5
90 »	2,5	1,7	1,9	4,0	7,9	11,7	13,8	14,2	12,8	9,8	6,3	3,9	7,5
120 »	3,2	2,4	2,3	3,7	6,9	10,3	12,5	13,2	12,4	10,1	7,1	4,7	7,4

Sonnenberg. 1878—90.

	Jan.	Febr.	März	April	Mai	Juni	Juli	Aug.	Sept.	Okt.	Nov.	Dec.	Jahr
1,4 m	—3,4	—2,1	—0,3	4,6	10,3	13,3	14,4	13,8	11,5	4,8	0,6	—2,9	5,4
1 cm	—0,8	—1,1	—0,1	3,1	9,9	13,7	14,7	14,1	11,6	6,3	2,2	0,1	6,1
15 »	—0,2	—0,7	—0,1	2,2	8,4	12,3	13,5	13,2	11,1	6,4	2,4	0,6	5,8
30 »	—0,1	—0,5	—0,3	1,3	7,1	11,2	12,9	12,5	10,5	5,8	2,2	0,6	5,3
60 »	0,7	0,4	0,3	1,3	6,3	10,5	12,3	12,4	11,1	7,0	3,3	1,5	5,6
90 »	1,4	0,9	0,8	1,7*	5,5	9,5	11,6	12,0	11,2	7,7	4,2	2,3	5,7
120 »	1,9	1,4	1,2	1,8*	4,9	8,7	10,9	11,6	11,0	8,1	4,8	2,9	5,8

Lahnhof. 1878—90.

	Jan.	Febr.	März	April	Mai	Juni	Juli	Aug.	Sept.	Okt.	Nov.	Dec.	Jahr
1,3 m	—2,3	—0,6	1,6	6,9	12,2	15,3	16,5	15,7	13,0	6,3	1,8	—2,0	7,0
1 cm	—0,7	—0,2	1,5	6,3	11,8	14,5	15,6	14,7	12,1	6,2	2,2	—0,4	7,0
15 »	0,3	0,2	0,7	3,6	8,7	11,9	13,4	13,2	11,1	6,7	3,2	1,0	6,2
30 »	0,6	0,3	0,8	3,6	8,6	11,9	13,7	13,4	11,5	7,3	3,6	1,5	6,4
60 »	1,8	1,3	1,5	3,5	7,8	11,0	12,9	13,1	11,7	8,3	4,9	2,8	6,7
90 »	2,7	2,0	2,1	3,5	7,0	10,0	11,9	12,4	11,6	8,9	5,9	3,8	6,8
120 »	3,4	2,7	2,5	3,4	6,4	9,1	11,0	11,8	11,3	9,3	6,6	4,5	6,8

	Jan.	Febr.	März	April	Mai	Juni	Juli	Aug.	Sept.	Okt.	Nov.	Dec.	Jahr

Hollerath. 1878—90.

	Jan.	Febr.	März	April	Mai	Juni	Juli	Aug.	Sept.	Okt.	Nov.	Dec.	Jahr
1,5 m	—1,4	0,2	2,4	7,0	12,1	15,4	16,5	16,1	13,3	6,8	2,7	—1,1	7,5
1 cm	0,6	1,0	1,9	5,0	9,4	13,3	14,4	13,4	11,4	6,8	3,6	1,2	6,8
15 »	1,0	1,1	1,9	4,8	9,0	12,2	13,7	13,3	11,4	7,3	4,1	1,9	6,8
30 »	1,5	1,5	2,4	5,2	9,0	12,3	13,7	13,6	12,1	8,0	4,8	2,4	7,2
60 »	2,8	2,5	3,0	5,0	8,3	11,2	12,8	13,0	12,0	8,9	6,1	3,9	7,5
90 »	3,6	3,1	3,4	4,8	7,5	10,1	11,8	12,3	11,8	9,4	6,8	4,7	7,4
120 »	4,0	3,4	3,6	4,7	6,9	9,3	11,0	11,6	11,4	9,5	7,2	5,2	7,3

Elsass-Lothringen.

Hagenau. 1876—90.

	Jan.	Febr.	März	April	Mai	Juni	Juli	Aug.	Sept.	Okt.	Nov.	Dec.	Jahr
1,3 m	0,1	2,7	6,0	11,4	16,4	20,5	21,5	20,8	16,5	10,0	5,3	0,8	11,0
1 cm	0,5	1,8	4,7	10,3	15,8	20,8	21,7	20,1	15,6	9,5	5,1	1,6	10,6
15 »	0,6	1,5	3,9	8,9	13,8	18,4	19,4	18,3	14,5	9,3	5,2	1,9	9,6
30 »	1,3	1,7	3,8	8,2	12,9	17,2	18,5	17,8	14,5	9,6	5,7	2,6	9,5
60 »	2,5	2,5	4,4	8,4	12,6	16,8	18,4	18,0	15,3	11,0	7,1	4,1	10,1
90 »	3,7	3,2	4,6	7,9	11,7	15,6	17,3	17,4	15,5	11,9	8,3	5,4	10,2
120 »	4,6	3,9	5,0	7,6	10,9	14,5	16,4	16,9	15,5	12,5	9,2	6,5	10,3

Neumath. 1876—90.

	Jan.	Febr.	März	April	Mai	Juni	Juli	Aug.	Sept.	Okt.	Nov.	Dec.	Jahr
1,5 m	—0,2	2,3	5,0	10,0	14,5	18,5	19,6	19,0	15,4	9,3	4,7	0,2	9,9
1 cm	0,8	1,9	4,3	9,3	14,6	19,5	20,5	18,9	15,3	9,6	5,2	1,9	10,1
15 »	1,4	1,7	3,5	7,9	12,6	16,6	18,4	17,6	14,5	9,7	5,7	2,6	9,3
30 »	1,4	1,6	3,3	7,5	11,9	15,7	17,5	16,9	14,2	9,4	5,4	2,6	8,9
60 »	2,3	2,2	3,7	7,2	11,1	14,7	17,0	16,8	14,8	10,6	6,6	3,7	9,2
90 »	3,2	2,8	3,8	6,5	10,0	13,5	15,9	16,1	14,8	11,3	7,6	4,8	9,2
120 »	4,2	3,5	4,2	6,2	9,2	12,4	14,8	15,5	14,6	11,9	8,5	5,8	9,2

Melkerei. 1876—90.

	Jan.	Febr.	März	April	Mai	Juni	Juli	Aug.	Sept.	Okt.	Nov.	Dec.	Jahr
1,1 m	—1,0	0,3	2,1	6,4	10,8	15,0	16,5	16,2	12,6	6,8	2,5	—1,0	7,3
1 cm	—0,2	0,0	1,5	6,7	12,9	17,5	18,6	17,8	13,9	7,6	3,3	0,8	8,4
15 »	0,5	0,2	0,7	4,2	9,2	13,5	15,2	15,0	12,5	7,8	4,0	1,6	7,0
30 »	0,3	0,0	0,6	4,4	9,4	13,6	15,3	15,3	12,8	7,6	3,8	1,4	7,0
60 »	1,8	1,2	1,3	3,9	8,1	12,0	14,0	14,5	13,0	9,1	5,5	3,0	7,3
90 »	2,9	2,1	1,8	3,4	6,6	10,1	12,3	13,1	12,6	9,7	6,6	4,2	7,1
120 »	3,8	2,9	2,4	3,3	5,8	8,8	11,1	12,2	12,3	10,2	7,6	5,3	7,1

III. **Lufttemperatur.** Tagesmittel. Feldstationen.

	Jahre	Jan.	Febr.	März	April	Mai	Juni	Juli	Aug.	Sept.	Okt.	Nov.	Dec.	Jahr
Norddeutsches Tiefland.														
Kurwien . .	15	−4,8	−3,3	−0,9	6,5*	11,8*	16,2*	17,5*	16,2*	12,4*	6,1*	1,1	−3,6	6,3
Fritzen . .	15	−3,5	−2,3	−1,0	5,9	10,8	15,3	17,1	16,4	13,1	6,7	1,7	−2,4	6,5
Eberswalde .	15	−1,9	−0,3	1,7	7,3	12,3	16,4	17,6	17,0	13,4	7,8	2,8	−0,7	7,8
Marienthal .	12	−1,7	0,0	2,2	7,0	12,3	15,3	16,7	16,4	13,8	7,7	3,2	−0,5	7,7
Lintzel . . .	10	−1,4	−0,1	1,7	6,4	12,2	15,1	16,6	15,5	12,8	7,3	3,1	−0,3	7,4
Hadersleben .	14	−0,3	0,0	1,2	5,2	10,2	14,1	15,5	15,2	12,5	7,5	3,5	0,1	7,1
Schoo . . .	14	−0,1	1,4	2,6	6,6	10,8	14,2	15,2	15,6	13,2	8,5	4,1	0,6	7,7
Mitteldeutsches Bergland.														
Carlsberg . .	14	−5,5	−4,1	−2,0	3,6	8,8	12,2	14,0	13,3	10,2	4,3	−0,3	−4,4	4,2
Schmiedefeld	9	−3,6	−3,3	−0,8	3,9	9,2	12,1	13,4	12,8	10,4	4,4	0,0	−3,5	4,6
Friedrichsrode	15	−2,7	−1,3	0,6	5,7	10,3	13,9	15,2	14,8	11,7	6,3	1,7	−1,9	6,2
Sonnenberg .	13	−4,1	−3,0	−1,6	2,7	7,8	10,7	12,0	11,7	9,4	3,7	−0,2	−3,6	3,8
Lahnhof . .	13	−2,5	−1,4	0,4	5,0	9,8	12,8	14,1	13,6	11,1	5,3	1,1	−2,5	5,6
Hollerath . .	13	−1,0	−0,6	1,1	5,1	9,6	12,8	14,1	13,9	11,3	5,7	1,9	−1,6	6,0
Elsass - Lothringen.														
Hagenau . .	15	−0,6	1,8	4,6	9,2	13,7	17,5	18,7	18,2*	14,2	8,6*	4,4	0,1	9,2
Neumath . .	15	−0,8	1,5	3,8	8,1	12,0	15,8	17,1	16,7	13,4	8,1	4,0	−0,4	8,3
Melkerei . .	15	−1,7	−0,5	0,9	4,7	8,6	12,6	14,2	14,1	10,8	5,6	1,7	−1,6	5,8

Wir benutzen die Tafeln III und II zunächst um die Abhängigkeit der Temperatur von der Seehöhe für die Luft und für den Erdboden in 60 und 120 cm Tiefe festzustellen.

Aus den 6 Stationen im mittleren Deutschland: Eberswalde (42 m), Lintzel (97 m), Marienthal (138 m), Friedrichsrode (441 m), Schmiedefeld (711 m), Sonnenberg (776 m) findet man unter Anwendung abgerundeter Gewichte folgende wahrscheinlichste Werthe:

Abnahme der Temperatur auf 100 m Erhebung.

IVa.	Jan.	Febr.	März	April	Mai	Juni	Juli	Aug.	Sept.	Okt.	Nov.	Dec.	Jahr
Luft	0,33	0,46	0,47	0,55	0,58	0,64	0,65	0,61	0,53	0,54	0,48	0,47	0,52
60 cm	0,11	0,12	0,26	0,65	0,62	0,50	0,53	0,48	0,42	0,43	0,34	0,21	0,39
120 »	0,14	0,11	0,17	0,45	0,58	0,55	0,54	0,50	0,45	0,42	0,35	0,26	0,38

In gleicher Weise findet man aus den 3 Stationen in Elsass-Lothringen: Hagenau (150 m), Neumath (350 m), Melkerei (909 m) die Werthe:

IVb.	Jan.	Febr.	März	April	Mai	Juni	Juli	Aug.	Sept.	Okt.	Nov.	Dec.	Jahr
Luft	0,15	0,32	0,50	0,60	0,65	0,63	0,57	0,52	0,45	0,41	0,37	0,22	0,45
60 cm	0,09	0,17	0,41	0,59	0,58	0,59	0,57	0,45	0,31	0,26	0,21	0,19	0,36
120 »	0,05	0,13	0,34	0,55	0,66	0,72	0,69	0,61	0,41	0,30	0,20	0,14	0,41

Vereinigt man beide Gruppen, indem man der ersten aus 6 Stationen das doppelte Gewicht beilegt, so ergeben sich folgende Mittelwerthe (Erste Näherung):

IV.	Jan.	Febr.	März	April	Mai	Juni	Juli	Aug.	Sept.	Okt.	Nov.	Dec.	Jahr
Luft	0,27	0,41	0,48	0,57	0,60	0,64	0,62	0,58	0,50	0,50	0,44	0,39	0,50
60 cm	0,10	0,14	0,31	0,63	0,61	0,53	0,54	0,47	0,38	0,37	0,30	0,20	0,38
120 »	0,11	0,12	0,23	0,48	0,61	0,61	0,59	0,54	0,44	0,38	0,30	0,22	0,39

Wir benutzen diese Zahlen zur Reduktion auf gleiche Seehöhe und bilden Gruppen von Stationen möglichst gleicher geographischer Breite und verschiedener Länge, um so die Aenderung der Temperatur mit der geographischen Länge festzustellen. Vergleicht man

        Hadersleben mit Fritzen   (Meeresspiegel),
        Schoo mit Kurwien   (Meeresspiegel),
        Hollerath und Lahnhof mit Carlsberg (600 m Höhe)

und bildet aus den drei Gruppen das Mittel, so ergiebt sich:

V. Zunahme der Temperatur nach Osten für einen Längengrad.

	Jan.	Febr.	März	April	Mai	Juni	Juli	Aug.	Sept.	Okt.	Nov.	Dec.	Jahr
Luft	−0,32	−0,26	−0,24	0,01	0,06	0,11	0,15	0,08	0,00	−0,08	−0,15	−0,23	−0,07
60 cm	−0,16	−0,14	−0,15	0,00	0,08	0,19	0,21	0,18	0,09	−0,05	−0,12	−0,14	−0,01
120 »	−0,13	−0,11	−0,13	−0,10	0,03	0,13	0,17	0,16	0,09	−0,02	−0,09	−0,11	−0,02

In allen drei Zahlenreihen erkennt man deutlich, wie der Temperaturgang beim Fortschreiten nach Osten mehr und mehr den oceanischen Charakter verliert und sich dem kontinentalen annähert: die Sommer werden wärmer, die Winter kälter.

Letztere Wirkung überwiegt in der Luft. Im Boden ist besonders in der oberen Schicht die Zunahme nach Osten während des Sommers etwas stärker ausgeprägt als in der Luft. Dies dürfte mit der gerade im Sommer hervortretenden Abnahme der Bewölkung nach Osten und der dadurch vermehrten Einstrahlung zusammenhängen. In gleicher Weise wie bei der Temperatur, nur ohne Reduktion auf dieselbe Seehöhe, erhält man aus vieljährigen Mitteln:

Va. Abnahme der Bewölkung nach Osten für einen Längengrad
in Procenten des Himmels.

Jan.	Febr.	März	April	Mai	Juni	Juli	Aug.	Sept.	Okt.	Nov.	Dec.	Jahr
—0,15	0,07	—0,07	0,06	0,28	0,69	0,85.	0,62	0,53	0,34	0,27	—0,51	0,25

Im Winter ist die Temperaturabnahme nach Osten in der Luft stärker als im Boden. Dies deutet einmal darauf hin, dass der Wind, der in erster Linie die Lufttemperatur beeinflusst, der massgebende Faktor ist, während die Bewölkung nur geringe Unterschiede zeigt. Dabei ist im Auge zu behalten, dass bei starker Ausstrahlung und Abkühlung volle Bewölkung verzeichnet werden kann, nämlich wenn die Station im Nebel liegt, während der Himmel darüber wolkenlos ist. Ausserdem ist die Schneedecke auf den östlichen Stationen von grösserer Stärke und Dauer und schützt den Boden mehr vor Abkühlung als auf den westlichen.

Um die Aenderung der Temperatur mit der geographischen Breite zu ermitteln, vergleichen wir die Stationen Hagenau und Neumath in Elsass-Lothringen mit den nördlich gelegenen Hadersleben und Schoo. Nach Reduktion auf den Meeresspiegel und auf gleiche Länge ($7^{1}/_{2}^{0}$) ergiebt sich:

VI. Abnahme der Temperatur nach Norden für einen Breitengrad.

	Jan.	Febr.	März	April	Mai	Juni	Juli	Aug.	Sept.	Okt.	Nov.	Dec.	Jahr
Luft	—0,04	0,30	0,57	0,74	0,69	0,74	0,75	0,63	0,38	0,25	0,24	0,04	0,43
60 cm	—0,08	0,02	0,34	0,77	0,84	0,90	0,92	0,78	0,54	0,28	0,11	0,01	0,45
120 »	0,08	0,08	0,28	0,57	0,73	0,83	0,86	0,82	0,62	0,41	0,25	0,16	0,48

Auch in diesen Zahlen zeigt sich deutlich der Einfluss der See, dem die nördlichen Stationen erheblich mehr ausgesetzt sind als die südlichen. Dadurch erscheint die Temperaturabnahme nach Norden im Frühjahr und Sommer verstärkt, im Herbst und besonders im Winter abgeschwächt, ja geradezu aufgehoben, sodass die Winterisothermen sich der Richtung der Meridiane nähern. Im Sommer tritt die stärkere Erwärmung der südlichen Orte im Boden etwas deutlicher hervor als in der Luft.

Kehren wir noch einmal zur Temperaturabnahme mit der Höhe zurück, so sind wir auf Grund der eben gewonnenen Zahlen in der Lage, die verschiedene geographische Länge und Breite der Vergleichsstationen zu berücksichtigen. Durch Anbringen einer entsprechenden Verbesserung erhält man aus der oben gegebenen ersten Näherung folgende Mittelwerthe (Zweite Näherung):

VII. Temperaturabnahme auf 100 m Erhebung.

	Jan.	Febr.	März	April	Mai	Juni	Juli	Aug.	Sept.	Okt.	Nov.	Dec.	Jahr
Luft	0,30	0,49	0,61	0,70	0,71	0,76	0,74	0,68	0,57	0,55	0,50	0,43	0,59
60 cm	0,11	0,16	0,39	0,77	0,75	0,67	0,68	0,59	0,47	0,43	0,33	0,22	0,46
120 »	0,14	0,14	0,30	0,59	0,74	0,74	0,72	0,67	0,54	0,45	0,35	0,26	0,47

Um die Verschiedenheit des jährlichen Temperaturganges in der Luft und im Boden in einfacher Weise darzustellen, sei es gestattet Mittelwerthe aus allen 16 Stationen abzuleiten. Es ergiebt sich für eine Durchschnittshöhe von beiläufig 360 m:

VIII. Mitteltemperatur.

	Jan.	Febr.	März	April	Mai	Juni	Juli	Aug.	Sept.	Okt.	Nov.	Dec.	Jahr
Luft	—2,26	—0,97	0,91	5,81	10,64	14,19	15,56	15,09	12,11	6,48	2,11	—1,64	6,51
60 cm	1,74	1,41	1,89	4,54	9,14	13,04	14,98	14,91	13,14	9,27	5,53	2,99	7,71
120 »	3,34	2,66	2,70	4,09	7,31	10,66	12,84	13,52	12,82	10,31	7,23	4,82	7,69

Hiernach zeigt die Temperatur des Bodens folgenden Ueberschuss über die Lufttemperatur:

VIIIa. Abweichung von der Lufttemperatur.

	Jan.	Febr.	März	April	Mai	Juni	Juli	Aug.	Sept.	Okt.	Nov.	Dec.	Jahr
60 cm	4,00	2,38	0,98	—1,27	—1,50	—1,15	—0,58	—0,18	1,03	2,79	3,42	4,63	1,20
120 »	5,60	3,63	1,79	—1,72	—3,33	—3,53	—2,72	—1,57	0,71	3,83	5,12	6,46	1,18

Der Boden ist also von September bis März und auch im Jahresmittel wärmer als die Luft. Aus der vorangegangenen Tafel über die Temperaturabnahme mit der Höhe ersieht man, dass der Boden sich mit zunehmender Seehöhe weniger schnell abkühlt als die Luft. Es ergiebt sich für die Abweichung der Temperatur des Bodens von der Lufttemperatur folgende Zunahme nach oben:

VIIIb. **Zunahme auf 100 m Erhebung.**

	Jan.	Febr.	März	April	Mai	Juni	Juli	Aug.	Sept.	Okt.	Nov.	Dec.	Jahr
60 cm	0,19	0,33	0,22	— 0,07	— 0,04	0,09	0,06	0,09	0,10	0,12	0,17	0,21	0,13
120 »	0,16	0,35	0,31	0,11	— 0,03	0,02	0,02	0,01	0,03	0,10	0,15	0,17	0,12

Im Jahresmittel würde hiernach der Boden in einer Seehöhe von

$$0 \qquad 500 \qquad 1000 \text{ m}$$
$$60 \text{ cm tief um } 0,75 \quad 1,40 \quad 2,05^0$$
$$120 \text{ „ „ „ } 0,75 \quad 1,35 \quad 1,95^0$$

wärmer sein als die Luft.

Vergegenwärtigen wir uns kurz die Hauptgründe für das eben geschilderte Verhalten der Boden- und Lufttemperatur[1]).

Durch die Wärmeein- und Ausstrahlung wird in erster Linie die Temperatur der äusseren Erdoberfläche beeinflusst. Diese giebt einerseits ihre Temperaturschwankungen verzögert und abgeschwächt an die unteren Bodenschichten weiter, andererseits sucht sie ihren Temperaturzustand mit dem der darüber befindlichen Luft auszugleichen.

Die Abnahme der Lufttemperatur mit der Höhe rührt wesentlich von der dynamischen Abkühlung beim Aufsteigen her. Ferner absorbirt die Atmosphäre die Sonnenstrahlen weniger als die von der Erde zurückgestrahlte Wärme und die temperaturerhöhende Wirkung dieser Eigenschaft, die sowohl dem Boden wie der Luft zu gute kommt, ist in der Höhe geringer als unten, weil die überlagernde Luftschicht nach oben hin an Ausdehnung, Dichtigkeit und Wasserdampfgehalt abnimmt. In den Schichten, in denen vornehmlich Wolkenbildung vor sich geht, wird die Temperatur infolge der Kondensationswärme erhöht.

Der jährliche Gang der Temperaturabnahme mit der Höhe wird erstens dadurch beeinflusst, dass kalte Luft vermöge

---

[1]) Vgl. J. Hann, Handbuch der Klimatologie, 2. Aufl, Bd. 1.

ihrer Schwere nach unten abfliesst und dort verharrt; infolgedessen ist die Abnahme der Lufttemperatur im Winter verringert.

Dagegen erwärmen sich die höheren Schichten der Atmosphäre im Frühjahr und Sommer langsamer als der Boden und die benachbarte Luft, wodurch die Temperaturabnahme nach oben verstärkt wird. In gleichem Sinne wirkt auch die Schneeschmelze im Frühjahr, die auf Bergen die Erwärmung noch verzögert, wenn sie an tieferen Orten schon vorüber ist.

Umgekehrt wird die Schneedecke den Boden im Winter vor Abkühlung schützen und zwar auf Bergen wegen der grösseren Mächtigkeit und längeren Dauer der Schneelage mehr als in der Ebene. Die dadurch bewirkte Abschwächung der Temperaturabnahme im Boden tritt in den Zahlen deutlich hervor.

Ein- und Ausstrahlung sind in grösserer Höhe beide intensiver als unten. Aber die zwischen zwei verschieden hohen Stationen lagernde Luftschicht vermindert unter sonst gleichen Umständen die Ausstrahlung das ganze Jahr hindurch in gleicher Weise; die Einstrahlung dagegen wird wegen des niedrigen Sonnenstandes und des längeren Weges der Sonnenstrahlen besonders im Winter gehemmt. Daher ist die untere Station im Winter verhältnissmässig mehr benachtheiligt und die Temperaturabnahme für Boden und auch für Luft erscheint hierdurch im Winter etwas verringert.

Wenn der Gang der Luft- und Bodentemperatur im Grossen und Ganzen den angeführten Gesichtspunkten entspricht, so ist zu beachten, dass im Einzelnen noch eine Reihe von Umständen mitwirken, wie Thal- und Hügellage der Stationen und Exposition gegen die Himmelsrichtung, Bewölkung nnd Niederschlagsverhältnisse, Wassergehalt und überhaupt Zusammensetzung des Bodens.

Die eben entwickelten Gesetze über die Aenderung der Temperatur mit der geographischen Lage und der Seehöhe zeigen einen gewissen Zusammenhang mit den Resultaten phänologischer Beobachtungen.

Nach der Zusammenstellung von Herrn Wimmenauer[1]) beträgt für die Aufblühzeiten einiger Frühlingspflanzen die Verzögerung

---

[1]) Die Hauptergebnisse 10jähriger forstlich-phänologischer Beobachtungen in Deutschland, 1885—94, Berlin 1897, S. 22.

beim Fortschreiten nach Osten für einen Längengrad einen halben Tag, nach Norden für einen Breitengrad 2,7 Tage und auf 100 m Erhebung (Erstfrühling) 1,7 Tage. Vergleicht man hiermit die örtlichen Aenderungen der Temperatur, so zeigt sich ein entsprechendes Verhalten im März und April. Das Mittel dieser beiden Monate ergiebt nämlich folgende

Temperaturabnahme ⁰C. für einen Tag Verzögerung.

	Länge	Breite	Höhe	Mittel
Luft	0,23	0,24	0,39	0,29
60 cm	0,15	0,21	0,34	0,23
120 »	0,23	0,16	0,26	0,22
Mittel	0,20	0,20	0,33	**0,25**

Die Uebereinstimmung der Zahlen ist in Anbetracht der Herleitung befriedigend. Im Durchschnitt entspricht also einer Verzögerung der Aufblühzeiten von einem Tag eine Temperaturabnahme (März und April) von 0,25⁰ oder umgekehrt einer Temperaturabnahme von einem Grad entspricht eine Verzögerung der Aufblühzeiten von vier Tagen.

---

3. Der jährliche Gang der Temperatur in Waldungen.

Um den jährlichen Gang der Luft- und Bodentemperatur in den verschiedenen Waldarten zu charakterisiren, ist in Tafel IX angegeben, um wieviel sich die Temperatur in den Kiefern-, Fichten- und Buchenbeständen durchschnittlich von der Temperatur auf den benachbarten Freistationen unterscheidet[1]). Positive Zahlen bedeuten, dass es im Freien wärmer ist als im Walde. Die halbe Summe aus den Ablesungen um 8 und 2 Uhr kann wiederum nur für die grösseren Tiefen als Tagesmittel gelten. Nach den zweistündlichen Beobachtungen vom 16. bis 30. Juni 1879 waren noch

---

[1]) Eine graphische Darstellung für die Bodentemperatur auf der Feld- und Waldstation zu Eberswalde und für den Unterschied beider habe ich früher gegeben. Zeitschr. für Forst- und Jagdwesen, Berlin 1888, S. 1, Zeichnung S. 15. Meteorolog. Zeitschr. 1888 [69]

IX. Temperaturunterschied „Feld minus Wald“.

$$\tfrac{1}{2}(8^a + 2^p).$$

	Jan.	Febr.	März	April	Mai	Juni	Juli	Aug.	Sept.	Okt.	Nov.	Dec.	Jahr

Kiefern.

	Jan.	Febr.	März	April	Mai	Juni	Juli	Aug.	Sept.	Okt.	Nov.	Dec.	Jahr
Luft	0,1	0,2	0,3	0,4	0,6	0,9	1,1	1,1	0,9	0,5	0,2	0,1	0,5
1 cm	—0,5	—0,2	0,5	1,7	2,8	3,9	3,5	2,5	1,5	0,4	—0,3	—0,5	1,3
15 »	—0,5	—0,4	0,1	1,1	2,1	3,0	2,7	1,9	1,0	0,1	—0,4	—0,5	0,8
30 »	—0,5	—0,4	—0,2	0,7	1,6	2,3	2,2	1,6	0,7	0,0	—0,5	—0,6	0,6
60 »	—0,7	—0,5	—0,2	0,9	1,9	2,7	2,7	2,1	1,2	0,3	—0,5	—0,7	0,8
90 »	—0,6	—0,5	—0,2	0,7	1,8	2,6	2,7	2,2	1,4	0,4	—0,4	—0,6	0,8
120 »	—0,5	—0,4	—0,1	0,7	1,5	2,3	2,6	2,3	1,6	0,6	—0,1	—0,4	0,9

Fichten.

	Jan.	Febr.	März	April	Mai	Juni	Juli	Aug.	Sept.	Okt.	Nov.	Dec.	Jahr
Luft	0,2	0,5	0,9	1,3	1,4	1,5	1,7	1,6	1,4	0,6	0,3	0,1	1,0
1 cm	—0,1	—0,1	0,3	2,0	3,3	3,7	3,3	2,5	1,5	0,9	0,3	0,1	1,5
15 »	—0,3	—0,3	0,0	1,5	3,2	3,3	3,0	2,4	1,4	0,5	—0,0	—0,1	1,2
30 »	—0,1	0,0	0,2	1,4	2,6	2,8	2,7	2,2	1,4	0,7	0,2	0,0	1,2
60 »	—0,0	0,0	0,1	1,1	2,6	2,9	3,0	2,6	1,9	1,0	0,3	0,0	1,3
90 »	—0,0	—0,0	0,0	0,8	2,2	2,7	2,9	2,7	2,1	1,2	0,4	0,1	1,2
120 »	0,0	—0,0	—0,0	0,6	1,8	2,5	2,8	2,7	2,2	1,4	0,6	0,1	1,2

Buchen.

	Jan.	Febr.	März	April	Mai	Juni	Juli	Aug.	Sept.	Okt.	Nov.	Dec.	Jahr
Luft	0,1	0,2	0,0	—0,1	0,7	1,8	1,8	1,8	1,4	0,6	0,2	0,0	0,7
1 cm	—0,4	—0,2	0,2	1,3	3,1	4,5	4,3	3,1	1,8	0,5	—0,4	—0,6	1,5
15 »	—0,2	—0,2	—0,0	0,7	1,9	3,0	3,1	2,3	1,4	0,6	—0,2	—0,2	1,0
30 »	—0,4	—0,3	—0,1	0,6	1,8	3,0	3,0	2,3	1,4	0,3	—0,4	—0,5	0,9
60 »	—0,4	—0,3	—0,1	0,6	1,7	2,9	3,2	2,7	1,8	0,8	—0,1	—0,4	1,0
90 »	—0,2	—0,2	—0,1	0,4	1,4	2,5	2,9	2,7	2,0	1,1	0,2	—0,2	1,0
120 »	—0,1	—0,1	—0,0	0,3	1,1	2,1	2,7	2,6	2,2	1,4	0,6	0,1	1,1

folgende Korrektionen an die Werthe $\tfrac{1}{2}(8^a + 2^p)$ anzubringen, um sie auf wahre Tagesmittel zu reduciren.

Eberswalde, „Feld minus Kiefern“.

Luft	1	15	30	60	90	120 cm
—0,43	—0,78	0,07	0,16	0,00	—0,01	0,00 °

Für die Luft und die oberste Tiefe ist also der Werth $\tfrac{1}{2}(8^a + 2^p)$ merklich zu gross, während er in 15 und 30 cm sich dem Tagesmittel nähert. Auf die Berechnung von Korrektionen für die oberen Tiefen ist auch hier verzichtet. Für die Lufttemperatur habe ich nach mancherlei Ueberlegungen folgenden Weg eingeschlagen.

Setzt man das Tagesmittel

$$= \frac{8^a + 2^p}{2} + q\left(\frac{8^a + 2^p}{2} - \text{Min.}\right),$$

so ergeben sich für den Temperaturunterschied „Feld minus Kiefernwald" nach den Thermographenaufzeichnungen zu Eberswalde folgende Werthe für $100\,q$:

Jan.	Febr.	März	April	Mai	Juni	Juli	Aug.	Sept.	Okt.	Nov.	Dec.	Jahr
37	34	44	46	43	41	42	45	46	43	40	35	43

In den Wintermonaten, in denen die Bestimmung von q am wenigsten genau ist, sind die Zahlen kleiner und weichen etwas mehr vom Mittel ab als im Sommer. Im Durchschnitt sind aber die Unregelmässigkeiten nur gering und es scheint rathsam, den mittleren Werth von q in allen Monaten zu Grunde zu legen. Berechnet man die Tagesmittel nach der Formel

$$\frac{8^a + 2^p}{2} - 0{,}43\left(\frac{8^a + 2^p}{2} - \text{Min.}\right),$$

so wären für Eberswalde noch folgende Verbesserungen anzubringen, um die wahren (zweistündlichen) Werthe zu erhalten.

Jan.	Febr.	März	April	Mai	Juni	Juli	Aug.	Sept.	Okt.	Nov.	Dec.	Jahr
0,04	0,06	—0,01	—0,04	—0,01	0,05	0,02	—0,04	—0,06	0,00	0,02	0,04	0,00

Die Fehler liegen zwischen $\pm 0{,}06$ und bleiben damit innerhalb der durch die sonstigen Unsicherheiten bedingten Fehlergrenze. Die gute Uebereinstimmung in den verschiedenen Monaten lässt die Verwendung der Formel auch auf den anderen Stationen nicht zu gewagt erscheinen. Auf die wechselnde Grösse der täglichen Schwankung für verschiedene Orte und Bestandesarten ist in der Formel Rücksicht genommen. Inwieweit die wechselnde Form der Tageskurve Abweichungen bedingt, bleibt dahingestellt. Die Berechnung ist eben nur als ein Versuch anzusehen, mit den vorhandenen Hilfsmitteln möglichst wahrscheinliche Näherungswerthe zu liefern. Man erhält auf diese Weise folgende Mittelwerthe:

X. Lufttemperatur. Unterschied „Feld minus Wald".

Jan.	Febr.	März	April	Mai	Juni	Juli	Aug.	Sept.	Okt.	Nov.	Dec.	Jahr

Kiefern.

Jan.	Febr.	März	April	Mai	Juni	Juli	Aug.	Sept.	Okt.	Nov.	Dec.	Jahr
—0,10	—0,02	—0,02	0,02	0,16	0,24	0,30	0,32	0,20	0,06	—0,06	—0,12	0,08

Fichten.

Jan.	Febr.	März	April	Mai	Juni	Juli	Aug.	Sept.	Okt.	Nov.	Dec.	Jahr
—0,38	—0,14	0,08	0,38	0,34	0,32	0,42	0,30	0,24	—0,02	—0,16	—0,28	0,09

Buchen.

Jan.	Febr.	März	April	Mai	Juni	Juli	Aug.	Sept.	Okt.	Nov.	Dec.	Jahr
—0,10	—0,02	—0,10	—0,17	0,17	0,58	0,70	0,53	0,37	0,03	—0,05	—0,12	0,15

Um mit möglichster Annäherung die Unterschiede der „Lufttemperatur" zwischen Feld und Wald festzustellen, sollen diese Zahlen noch wegen des Strahlungsfehlers der Hüttenaufstellungen verbessert werden. Ich benutze dazu die in Eberswalde, Sonnenberg und Friedrichsrode vom 1. Oktober 1897 bis 1898 angestellten Vergleichsbeobachtungen. Bezeichnet man den Temperaturunterschied „Feld minus Wald" nach den Angaben

der Forstlichen Hütte in 1,3 bis 1,4 m Höhe mit H,

der Englischen Hütte in 2,2 m Höhe mit E,

des Aspirations-Psychrometers in ca. $1^1/_2$ m Höhe mit A

und berechnet das Verhältniss

$$v = \frac{A}{H} \text{ oder } = \frac{E}{H},$$

so hat man die Angaben der Forstlichen Hütte mit dem Reduktionsfaktor v zu multipliciren, um sie denen des Aspirations-Psychrometers oder der Englischen Hütte gleich zu machen. In der oben verwandten Formel für das Tagesmittel kommen die beiden Ausdrücke

$$\frac{8^a + 2^p}{2} \text{ und } \frac{8^a + 2^p}{2} - \text{Min.}$$

vor. Mit Ausnahme einiger Winter- und Frühlingsmonate in Friedrichsrode sind diese Grössen immer positiv und man erhält aus allen Monaten mit positiven Zahlen folgende wahrscheinlichste Werthe von v:

	$\dfrac{8^a + 2^p}{2}$		$\dfrac{8^a + 2^p}{2} - \text{Min.}$
	$\dfrac{A}{H}$	$\dfrac{E}{H}$	$\dfrac{E}{H}$
Eberswalde (Kiefern)	0,33	0,66	0,66
Sonnenberg (Fichten)	0,75	0,68	0,65
Friedrichsrode (Buchen) . . .	0,59	0,53	0,64
Mittel	0,56	0,62	0,65

Ohne auf die Verschiedenheiten der einzelnen Zahlen einzugehen, sei es gestattet, diese als zufällige anzusehen und für v einen durchschnittlichen Werth anzunehmen. Dieser Werth ist dann zugleich der Reduktionsfaktor, mit dem die Tagesmittel, welche nach der Formel

$$\frac{8^{\mathrm{a}}+2^{\mathrm{p}}}{2} - 0{,}43 \left(\frac{8^{\mathrm{a}}+2^{\mathrm{p}}}{2} - \text{Min.}\right)$$

berechnet wurden, noch zu multipliciren sind. Um der Gefahr einer zu weitgehenden Reduktion vorzubeugen, habe ich den verhältnissmässig grossen Faktor $v = 0{,}7$ benutzt und erhalte so aus Tafel X nach der Formel

$$0{,}7 \left[\frac{8^{\mathrm{a}}+2^{\mathrm{p}}}{2} - 0{,}43 \left(\frac{8^{\mathrm{a}}+2^{\mathrm{p}}}{2} - \text{Min.}\right)\right].$$

die in Tafel XI zusammengestellten verbesserten Werthe.

XI. Lufttemperatur. Unterschied „Feld minus Wald".

Jan.	Febr.	März	April	Mai	Juni	Juli	Aug.	Sept.	Okt.	Nov.	Dec.	Jahr
					Kiefern.							
−0,1	0,0	0,0	0,0	0,1	0,2	0,2	0,2	0,1	0,0	0,0	−0,1	0,1
					Fichten.							
−0,3	−0,1	0,1	0,3	0,2	0,2	0,3	0,2	0,2	0,0	−0,1	−0,2	0,1
					Buchen.							
−0,1	0,0	−0,1	−0,1	0,1	0,4	0,5	0,4	0,3	0,0	0,0	−0,1	0,1

Mit Hilfe der Unterschiede zwischen Feld und Wald und der früher in Tafel VIII angegebenen mittleren Temperaturen für die Feldstationen sind auch für die drei Waldarten Durchschnittstemperaturen berechnet und in Tafel XII zusammengestellt.

Bei der Lufttemperatur ist noch eine unbedeutende Korrektion angebracht, die der Anwendung des Reduktionsfaktors 0,7 entspricht. Es ist dabei die Annahme zu Grunde gelegt, dass die Forstliche Hütte im Gesammtdurchschnitt der Waldstationen richtige Angaben mache. Wird dann der Unterschied „Feld minus Wald" im Sommer etwa $0{,}1^{\circ}$ verkleinert, so muss auch die Temperatur der Feldstation um ebensoviel herabgesetzt werden. Die hier gemachte Annahme erscheint nach den in Eberswalde, Friedrichsrode und Sonnenberg im Jahre 1. Oktober 1897/98 angestellten Vergleichen zwischen der Forstlichen und Englischen Hütte und dem Aspirations-Psychrometer für das Tagesmittel bis auf ca. $0{,}1^{\circ}$ richtig.

XII. Mitteltemperaturen.

	Jan.	Febr.	März	April	Mai	Juni	Juli	Aug.	Sept.	Okt.	Nov.	Dec.	Jahr
Freies Feld.													
Luft	—2,2	—0,9	0,9	5,8	10,6	14,1	**15,4**	15,0	12,0	6,5	2,1	—1,6	6,5
60 cm	1,7	1,4	1,9	4,5	9,1	13,0	**15,0**	14,9	13,1	9,3	5,5	3,0	7,7
120 »	3,3	2,7	2,7	4,1	7,3	10,7	12,8	**13,5**	12,8	10,3	7,2	4,8	7,7
Kiefernwald.													
Luft	—2,1	—0,9	0,9	5,8	10,5	13,9	**15,2**	14,8	11,9	6,5	2,1	—1,5	6,4
60 cm	2,4	1,9	2,1	3,6	7,2	10,3	12,3	**12,8**	11,9	9,0	6,0	3,7	6,9
120 »	3,8	3,0	2,8	3,4	5,8	8,4	10,2	**11,3**	11,2	9,7	7,3	5,2	6,8
Fichtenwald.													
Luft	—1,9	—0,8	0,8	5,5	10,4	13,9	**15,1**	14,8	11,8	6,5	2,2	—1,4	6,4
60 cm	1,8	1,4	1,8	3,5	6,6	10,1	12,0	**12,3**	11,2	8,3	5,2	3,0	6,4
120 »	3,3	2,7	2,7	3,5	5,5	8,1	10,0	**10,8**	10,6	8,9	6,7	4,7	6,5
Buchenwald.													
Luft	—2,1	—0,9	1,0	5,9	10,5	13,7	**14,9**	14,6	11,7	6,5	2,1	—1,5	6,4
60 cm	2,1	1,7	2,0	4,0	7,4	10,1	11,8	**12,2**	11,3	8,5	5,6	3,4	6,7
120 »	3,4	2,7	2,7	3,8	6,2	8,6	10,2	**10,9**	10,7	8,9	6,7	4,7	6,6

Im ganzen Sommerhalbjahr und darüber hinaus ist, wie Tafel IX und XII lehren, der Waldboden kühler als der freigelegene. Der Betrag der Abkühlung steigt in den grösseren Tiefen 60—120 cm im Monatsmittel bei Kiefern auf 2,7°, bei Fichten auf 3,0° und bei Buchen auf 3,2°. Im Mai ist die Abkühlung im Fichenwalde am grössten.

In den Wintermonaten ist der Waldboden ein wenig wärmer als der freie, doch ist diese Erwärmung merklich geringer als die sommerliche Abkühlung, so dass letztere im Jahresdurchschnitt den Ausschlag giebt.

Die Luft zeigt nach Tafel XI ein ähnliches Verhalten, nur sind die Unterschiede zwischen Feld und Wald erheblich geringer als im Erdboden.

Der freie Boden ist im Jahresmittel wärmer als die überlagernde Luft und auch im Walde ist er wärmer oder gleich warm.

Für die jährliche Temperaturschwankung als Unterschied zwischen dem wärmsten und kältesten Monat ergiebt sich aus Tafel XII:

	Feld	Kiefern	Fichten	Buchen
Luft	17,6	17,3	17,0	17,0
60 cm	13,6	10,9	10,9	10,5
120 »	10,8	8,5	8,1	8,2

Zur weiteren Erläuterung führe ich die Eberswalder Beobachtungen vom Mai 1891 an. Während dieses Monats wurden auch an Thermometern, die frei auf dem Boden lagen, Ablesungen gemacht, die natürlich nur als rohe Näherung gelten können.

	Feld				Kiefernwald			
	Min.	8ª	2ᵖ	Max.	Min.	8ª	2ᵖ	Max.
In der Hütte 1,3 m .	7,7	13,5	19,4	20,9	8,3	12,5	18,1	19,1
Auf der Erde . . .	7,7	14,6	29,8	33,9	8,2	11,9	17,5	23,5
In 1 cm Tiefe . . .	—	12,8	19,8	—	—	11,9	17,1	—

Infolge der nächtlichen Ausstrahlung und Erkaltung erreichen die äussere Bodenoberfläche und die Luft annähernd dasselbe Temperaturminimum, da die erkaltete Luft am Boden bleibt und ihre Temperatur mit der der ausstrahlenden Oberfläche ausgleicht. Die Abkühlung der Luft theilt sich nur langsam den höheren Schichten mit. Bei Annäherung an den Thaupunkt wird die Luft für Wärmestrahlen weniger durchlässig nnd strahlt selbst mehr aus, während der Boden einen stärkeren Schutz erfährt.

Im Walde verliert der Boden weniger Wärme durch Strahlung, aber dafür tritt die gegen den Himmel gekehrte Oberfläche der Bäume als ausstrahlende Oberfläche hinzu. Die erkaltete Luft sinkt nach unten und trägt zur Abkühlung des Bodens bei.

Mittags erhitzt sich die freie Bodenoberfläche sehr stark, aber den unteren Luftschichten kommt die Erwärmung weniger zu gut, da die erhitzte Luft immer aufsteigt und kalte herabsinkt. Die Erwärmung vertheilt sich auf grössere Höhen. Diese Vorgänge, wie auch die horizontalen Strömungen der leicht beweglichen Luft, die

im Zusammenhang mit dem vertikalen Austausch gegen Mittag hin
an Stärke zunehmen, bewirken, dass sich die Luft im Freien so wenig
über die im Walde erwärmt, während die Unterschiede im Boden
beträchtlicher sind.

Im Walde wird die Sonnenstrahlung durch die Bäume
vom Boden abgehalten, aber die Sonne erwärmt die Theile der
Bäume, die sie bescheint, und damit auch die anliegende oder
vorbeistreichende Luft. Auf den Boden wirkt die Erwärmung der
Luft weniger als die Abkühlung am Morgen, da die erwärmte
Luft nicht zu Boden sinkt. Diesen Erscheinungen des täglichen
Ganges entspricht der oben geschilderte jährliche Verlauf der
Temperatur. Im Winter wird auch die Schneedecke dahin wirken,
die Unterschiede der Bodentemperatur zu verringern.

Um die einzelnen Stationen mit einander vergleichen zu können,
sei noch das Jahresmittel des Unterschiedes „Feld minus Wald" für
die Tiefen 60, 90, 120 cm angeführt. Die Stationen sind nach Wald-
art und wachsendem Bestandesalter geordnet.

XIII. Temperaturunterschied „Feld minus Wald".
Jahresmittel.

	Station	60	90	120 cm
Kiefern	Lintzel	0,4	0,3	0,3
	Schoo	0,8	0,8	0,8
	Eberswalde . .	0,6	0,6	0,7
	Hagenau . . .	1,0	1,2	1,4
	Kurwien . . .	1,0	1,0	1,1
Fichten	Sonnenberg . .	1,2	1,3	1,3
	Fritzen	1,3	1,2	1,1
	Hollerath . . .	1,4	1,2	1,2
	Carlsberg . . .	1,6	1,5	1,5
	Schmiedefeld . .	0,9	1,0	0,9
Buchen	Neumath . . .	1,2	1,1	1,2
	Marienthal . .	1,1	1,0	0,9
	Lahnhof . . .	1,0	1,1	1,2
	Melkerei . . .	1,5	1,4	1,5
	Hadersleben . .	0,5	0,6	0,6
	Friedrichsrode .	0,8	0,9	1,0

Eine Zunahme der Abkühlung im Walde mit wachsendem Bestandesalter scheint bei den Kiefernstationen vorhanden zu sein.
Allerdings machen sich auch andere Einflüsse geltend, wie z. B. der

Unterschied zwischen ozeanischem und kontinentalem Klima. Da von Station zu Station nicht nur das Bestandesalter und, wenn man von einer Gruppe zur andern übergeht, die Bestandesart, sondern auch die Oertlichkeit wechselt, ist es schwer oder unmöglich, die verschiedenen Einflüsse gesondert festzustellen.

An dieser Stelle sei auf die Untersuchung von M. W. Harrington[1]) hingewiesen, in der dieselben Stationen für die 10 Jahre 1879—88 behandelt und die Unterschiede zwischen Feld und Wald in den Tiefen 1, 15, 30, 120 cm im Ganzen und in Gruppen durch Besselsche Reihen dargestellt sind.

---

4. Die jährlichen Extreme der Bodentemperatur.

Für dieselben Zeiträume, wie sie bisher benützt wurden, nur mit der Aenderung, dass bei den drei Elsässischen Stationen das Jahr 1890 fehlt, sind in Tafel XIV die durchschnittlichen Temperaturen des wärmsten und kältesten Tages im Jahre nach dem Mittel $\frac{1}{2}(8^a + 2^p)$ für die Feldstationen angegeben. Wo mehrfache Ergänzungen erforderlich waren, ist das Mittel mit einem Stern (*) bezeichnet, doch sind durch das Interpoliren merkliche Unsicherheiten kaum entstanden. Die Angaben der obersten Thermometer entfernen sich natürlich weit vom Tagesmittel und sollen überhaupt nur eine ungefähre Uebersicht über die Temperaturschwankungen der Schicht bis zu 2 cm Tiefe geben.

---

[1]) Forest and soil temperatures. American Meteorological Journal. Vol. VII. 1890/91, S. 263.

XIV. Mittlere Jahresextreme der Temperatur.

$$\tfrac{1}{2}\,(8^{\mathrm{a}} + 2^{\mathrm{p}}).$$

Feldstationen.

	Wärmster Tag						Kältester Tag					
cm	1	15	30	60	90	120	1	15	30	60	90	120

Norddeutsches Tiefland.

	1	15	30	60	90	120	1	15	30	60	90	120
Kurwien . .	29,9	22,5	19,8	18,3	16,6	15,3	—8,2	—6,0	—3,6	—0,6	0,9	1,8
Fritzen . . .	22,0	19,8	21,4	19,1	17,3	16,1	—4,8	—4,5	—4,0	—1,0	0,3	0,8
Eberswalde .	28,4	24,0	20,9	19,2	17,7	16,6	—5,2	—3,8	—3,1	—0,4	0,8	1,6
Marienthal .	22,8	19,9	19,8	17,6	15,8	14,7	—3,1	—0,9	0,3*	1,3*	1,8*	2,4*
Lintzel . . .	29,9	21,5	19,2	17,3	15,9	14,8	—6,7	—1,4	—1,2	0,9	1,5	2,2
Hadersleben .	20,7	17,3	16,5	15,1	14,1	13,4	—2,5	—0,2	0,1	1,3	1,9	2,5
Schoo . . .	23,3	19,1	17,9	15,5	14,5	13,7	—2,1	—0,7	0,4	1,8	2,6	3,0

Mitteldeutsches Bergland.

	1	15	30	60	90	120	1	15	30	60	90	120
Carlsberg . .	22,5	18,1	17,3	15,3	13,7	12,7	—2,3	—1,4	—2,1	0,4	1,1	1,5
Schmiedefeld .	26,8	20,5	17,6	14,9	13,1	11,8	—6,3	—4,0	—1,1	0,5	1,0	1,4
Friedrichsrode	23,7	20,6	19,8	17,0	15,2	13,8	—4,3	—3,2	—3,1	0,2	1,2	1,8
Sonnenberg .	19,8	17,0	16,5	14,6	13,2	12,4	—3,1	—2,0	—1,4	0,2	0,6*	1,0*
Lahnhof . .	22,9	17,0	16,4	14,6	13,4	12,3	—5,1	—1,5	—0,6	0,8	1,5	2,1
Hollerath . .	19,1	16,6	16,4	14,5	13,1	12,1	—1,1	—0,1	0,2	1,4	2,4	2,8

Elsass-Lothringen.

	1	15	30	60	90	120	1	15	30	60	90	120
Hagenau . .	28,0	23,9	22,0	20,8	19,0	17,8	—4,0	—2,9	—1,4	0,7	2,2	3,1
Neumath . .	26,4	21,9	20,9	18,9	17,2	16,0	—1,5	—0,1	0,1	1,0	1,7	2,7
Melkerei . .	25,1	17,9	18,5	15,9	13,8	12,7	—1,7	—0,4	—0,8	0,8	1,4	2,0

Gewisse charakteristische Züge, die sich bei den Monatsmitteln zeigten, treten, wie man leicht erkennt, auch bei den Extremen, zum Theil noch schärfer, wenn auch nicht so regelmässig hervor.

Für die Waldstationen sind wiederum die mittleren Unterschiede berechnet, die sie gegenüber den benachbarten frei gelegenen zeigen, und in der Tafel XV nach Art und wachsendem Alter der Bestände zusammengestellt.

XV. Mittlere Jahresextreme der Temperatur. $\frac{1}{2}(8^{a}+2^{p})$.
Unterschiede.

		Wärmster Tag					Kältester Tag				
cm	1	15	30	60	90	120	1	15	30	60	90	120

„Feld minus Kiefern."

	1	15	30	60	90	120	1	15	30	60	90	120
Lintzel . .	3,8	2,2	1,0	1,3	1,6	1,5	—0,5	0,3	1,2	0,3	—0,2	—0,1
Schoo . . .	2,1	1,0	1,8	1,7	1,5	1,3	0,8	—0,2	—0,3	—0,1	0,0	0,1
Eberswalde .	5,7	4,2	2,8	3,1	3,7	3,4	0,1	0,1	—1,6	—1,5	—1,2	—1,0
Hagenau . .	6,5	4,0	3,3	4,3	4,0	3,8	—2,1	—2,4	—2,2	—1,6	—1,2	—1,0
Kurwien . .	9,5	5,6	3,3	4,1	3,7	3,2	—4,7	—4,1	—1,6	—1,1	—0,6	—0,2

„Feld minus Fichten."

	1	15	30	60	90	120	1	15	30	60	90	120
Sonnenberg .	4,2	3,1	2,5	2,0	3,2	3,3	—0,8	—0,6	—0,4	—0,3	—0,4	—0,4
Fritzen . . .	3,4	3,9	5,4	5,4	4,8	4,5	—0,9	—2,5	—1,9	—1,2	—0,7	—0,9
Hollerath . .	0,3	2,0	2,0	2,5	2,2	2,1	2,1	1,9	0,5	0,1	0,2	0,4
Carlsberg . .	4,9	2,5	2,1	2,3	2,3	2,4	—0,4	—0,5	—0,3	0,4	0,5	0,6
Schmiedefeld .	7,3	5,0	2,2	1,9	1,7	1,5	—1,9	—1,9	0,3	0,0	0,1	0,1

„Feld minus Buchen."

	1	15	30	60	90	120	1	15	30	60	90	120
Neumath . .	7,8	4,1	3,6	2,9	2,4	2,2	—1,0	—0,1	0,0	0,0	—0,2	0,2
Marienthal . .	5,5	3,5	4,1	3,7	2,7	2,2	—1,8	—0,2	—0,1	0,0	0,0	0,1
Lahnhof. . .	4,9	1,8	2,5	3,1	3,2	2,9	—1,6	—0,1	—0,3	—0,4	—0,3	—0,2
Melkerei . .	8,0	2,5	3,9	3,6	3,1	3,1	—0,1	0,0	—0,7	—0,2	—0,1	—0,1
Hadersleben .	2,2	2,0	1,4	1,6	1,7	1,7	—1,0	—0,6	—0,2	0,0	—0,1	—0,1
Friedrichsrode	6,4	4,3	3,9	3,9	3,7	3,5	—2,2	—1,8	—1,9	—1,0	—0,8	—0,6

Man findet daraus folgende durchschnittliche Werthe:

XVa. Temperaturunterschied „Feld minus Wald".
$$\frac{1}{2}(8^{a}+2^{p}).$$

		Wärmster Tag					Kältester Tag				
	1	15	30	60	90	120	1	15	30	60	90	120 cm
Kiefern . .	5,5	3,4	2,4	2,9	2,9	2,6	—1,3	—1,3	—0,9	—0,8	—0,6	—0,4
Fichten . .	4,0	3,3	2,8	2,8	2,8	2,8	—0,4	—0,9	—0,4	—0,2	—0,1	0,0
Buchen . .	5,8	3,0	3,2	3,1	2,8	2,6	—1,3	—0,5	—0,5	—0,3	—0,2	—0,1

Bestimmt man die Jahresschwankung der Temperatur als Unterschied des wärmsten und kältesten Tages, so ergiebt sich aus den vorstehenden Zahlen, um wieviel diese Schwankung in den Waldböden geringer ist als im benachbarten freien Lande.

XVb. Ermässigung der jährlichen Temperaturschwankung.

	1	15	30	60	90	120 cm
Im Kiefernwalde	8,8	4,7	3,3	3,7	3,5	3,0
Im Fichtenwalde	4,4	4,2	3,2	3,0	2,9	2,8
Im Buchenwalde	7,1	3,5	3,7	3,4	3,0	2,7

Eine weitere Anwendung, die wir von den Temperaturen des kältesten Tages machen, besteht in der Berechnung der Frosttiefe, d. h. der mittleren Tiefe, bis zu welcher der Frost in den Boden dringt. Wir bestimmen dazu aus den Mittelwerthen für die einzelnen Stationen die der Temperatur 0^0 entsprechende Stelle durch lineare Interpolation aus den beiden benachbarten Tiefen.

XVI. Mittlere Frosttiefe. Centimeter.

	Feld	Wald		Feld	Wald
Kurwien	72	54	Carlsberg	55	60
Fritzen	83	57	Schmiedefeld . . .	51	52
Eberswalde	70	47	Friedrichsrode . .	58	45
Marienthal	26	25	Sonnenberg . . .	56	50
Lintzel	47	54	Lahnhof	43	36
Hadersleben . . .	25	12	Hollerath	20	36
Schoo	25	21			
			Neumath	22	15
Hagenau	50	21	Melkerei	45	33

Am tiefsten dringt der Frost in Ostpreussen in den Boden ein, nämlich 70 bis 80 cm tief, während er im Durchschnitt der Feldstationen nur 47 cm erreicht.

Von den drei Bestandesarten ermässigen die Kiefern die Frosttiefe am meisten, nämlich um 13 cm im Durchschnitt, die Fichten am wenigsten, um 2 cm, während im Buchenwalde der Frost durchschnittlich um 9 cm weniger tief in den Boden dringt als im Freien.

Zweiter Theil.

Die Wärmebewegung im Erdboden.

---

5. Die Wärmeleitung.

Wir behandeln die Wärmeleitung im Erdboden auf Grund der Differentialgleichung:

$$\frac{\partial \vartheta}{\partial t} = a^2 \frac{\partial^2 \vartheta}{\partial x^2},$$

wo ϑ die Temperatur in Centigraden,

t die Zeit in Minuten,

x die Tiefe in Centimetern,

a^2 eine Konstante

bedeute.

Die oberen Erdschichten von 50 cm aufwärts sind wegen der dort besonders hervortretenden Störungen, wie Luftströmungen, Zu- und Abfluss des Wassers und Aenderungen seines Aggregatzustandes, von der Betrachtung auszuschliessen.

Ferner ist zu beachten, dass die Grösse a^2 genau genommen keine eigentliche Konstante ist, sondern ausser von dem wechselnden Feuchtigkeitsgehalt des Bodens auch von der Temperatur abhängt. Es handelt sich daher bei der Berechnung von a^2 aus dem jährlichen Temperaturverlauf einer Station nur um die Bestimmung eines den Beobachtungen möglichst gut angepassten Durchschnittswerthes[1].

Wir nehmen an, es habe sich ein periodisch regelmässig wiederkehrender Temperaturverlauf hergestellt, der den mehrjährigen Mittelwerthen entspricht und für die Tiefe $x = 0$ durch die Besselsche Reihe

$$\varrho_0 + \varrho_1 \, sin\left(\frac{2\pi}{T} t + \lambda_1\right) + \varrho_2 \, sin\left(\frac{4\pi}{T} t + \lambda_2\right) + \ldots$$

---

[1] Vgl. die Beurtheilung der Preisarbeiten über die Königsberger Bodentemperaturen. Schrift. d. Physikalisch-ökonomischen Ges. zu Königsberg i. Pr. 32. Jahrg., 1891, Bericht S. 34.

dargestellt wird. Für die Temperatur in der Tiefe x gilt dann der Ausdruck

$$\vartheta = \varrho_0 + \varrho_1 e^{-\frac{x}{a}\sqrt{\frac{\pi}{T}}} \, sin\left(\frac{2\pi}{T} t + \lambda_1 - \frac{x}{a}\sqrt{\frac{\pi}{T}}\right)$$
$$+ \varrho_2 e^{-\frac{x}{a}\sqrt{\frac{2\pi}{T}}} \, sin\left(\frac{4\pi}{T} t + \lambda_2 - \frac{x}{a}\sqrt{\frac{2\pi}{T}}\right) + \cdots$$

ϱ und λ sind Konstanten, T bezeichnet die Länge der Periode in Minuten. Beim jährlichen Gange bezeichnet ϱ_0 das Jahresmittel, das erste periodische Glied eine Schwingung, die alle Jahre wiederkehrt, das zweite periodische Glied eine halbjährige Schwingung, das dritte eine, die alle drittel Jahre wiederkehrt u. s. w. Die einzelnen Schwingungen setzen sich abgeschwächt und verzögert nach der Tiefe hin fort und zwar ist die Abschwächung und Verzögerung für die kurzen Schwingungen stärker als für die längeren, bei der ganzjährigen also am kleinsten. Oder um mit Wild[1]) die Helmholtz'sche Vorstellung aus der Akustik hierauf zu übertragen: Nach der Tiefe hin treten die Obertöne mehr und mehr gegen den Grundton zurück, so dass die Klangfarbe der Wärmeschwingung immer reiner wird.

Die Schwankung oder die doppelte Amplitude, d. i. der Unterschied zwischen Maximum und Minimum, ist für das erste periodische Glied

$$s = 2\,\varrho_1 e^{-\frac{x}{a}\sqrt{\frac{\pi}{T}}}.$$

Wird dieser Werth für die beiden Tiefen x' und x'' mit s' und s'' bezeichnet, so ergiebt sich zur Berechnung der Wärmeleitungskonstanten die Formel

$$a = \frac{x'' - x'}{\log s'' - \log s'} \sqrt{\frac{\pi}{T}} \, \log e.$$

Ebenso kann man a aus den Phasen berechnen. Sind t' und t'' die Eintrittszeiten entsprechender Werthe, z. B. Null, Maximum oder Minimum des ersten periodischen Gliedes in den Tiefen x' und x'', so ist der Phasenunterschied

$$P = \frac{2\pi}{T}(t'' - t') = \frac{x'' - x'}{a}\sqrt{\frac{\pi}{T}},$$

also

$$a = \frac{x'' - x'}{P}\sqrt{\frac{\pi}{T}}.$$

---

[1]) H. Wild, Ueber die Bodentemperaturen in St. Petersburg und Nukuss. Repert. f. Meteorologie Bd. VI, St. Petersburg 1879, Nr. 4, S. 18.

Für die Berechnung von a nach den vorstehenden Formeln kommt es also darauf an, das erste periodische Glied für sich zu bestimmen.

Eine erste Näherung erhält man, wenn nur das erste periodische Glied unter Vernachlässigung der folgenden beibehalten, also die ganzjährige mit der Gesammtschwingung als gleich angenommen wird. Da mit wachsendem x die Amplituden der kürzeren Schwingungen schneller abnehmen, so ist dieses Verfahren, wie auch Herr Wild gezeigt hat, um so weniger ungenau, je grösser die Tiefen x sind.

Eine zweite, weitergehende Näherung ergiebt sich durch Berücksichtigung zweier periodischer Glieder. Bezeichnet man mit ϑ_1 das erste, mit ϑ_2 das zweite periodische Glied der Reihe für ϑ und mit ϱ_0 wie vorhin das Jahresmittel, so ist

$$\vartheta = \varrho_0 + \vartheta_1 + \vartheta_2.$$

Nach einer Methode von F. Neumann, die Fröhlich in seiner Dissertation[1]) mitgetheilt hat, lassen sich die Korrektionen finden, welche an die Amplitude der Gesammtschwingung (ϑ) anzubringen sind, um die Amplitude der ganzjährigen Schwingung (ϑ_1) zu erhalten. Auch die Phasen lassen sich aus der Gesammtschwingung berechnen, wenn man das Mittel der Eintrittszeiten von Maximum und Minimum zu Grunde legt.

Eine andere, im Folgenden angewandte, sehr einfache Methode beruht darauf, dass für zwei Zeitpunkte, die um eine halbe Periode von einander entfernt sind, die Werthe von ϑ_2 gleich, die von ϑ_1 entgegengesetzt sind. Daher erhält man als Differenz

$$\vartheta(t) - \vartheta\left(t + \frac{T}{2}\right) = 2\,\vartheta_1(t).$$

Demgemäss sind die Differenzen der um 6 Monate von einander abstehenden Monatsmittel gebildet, wobei die verschiedene Länge der Monate unberücksichtigt bleibt. Die durch diese Differenzen dargestellte Funktion entspricht der doppelten ganzjährigen Schwingung und ihr Maximum ist die doppelte Amplitude (s). Für die Feldstation zu Eberswalde ergiebt sich z. B. in 60 cm Tiefe aus den Zahlen der Tafel II die Differenzenreihe $2\,\vartheta_1(t)$

April	Mai	Juni	Juli	Aug.	Sept.	Okt.	
— 4,3	5,4	12,6	16,0	16,1	12,9	4,3	u. s. w.

---

[1]) O. Frölich, Ueber den Einfluss der Absorption der Sonnenwärme in der Atmosphäre auf die Temperatur der Erde, Königsberg 1868, S. 15.

Je zwei um ein halbes Jahr entfernte Werthe unterscheiden sich natürlich nur durch das Vorzeichen. Das Maximum wurde als Scheitelhöhe einer durch den höchsten und die beiden benachbarten Werthe gelegten Parabel bestimmt. Sind p, q, r drei aufeinander folgende Werthe, q der grösste, und setzt man

$$\frac{(q-p)-(q-r)}{2} = b, \quad \frac{(q-p)+(q-r)}{2} = c,$$

so ergiebt sich mit Rücksicht darauf, dass p, q, r Differenzen aus Monatsmitteln sind, das Maximum

$$s = q + \frac{b^2}{4c} + \frac{c}{12}.\text{[1]}$$

Zur Bestimmung der Phasen wähle ich die Stelle, wo $\vartheta_1 = 0$ wird[2]), und bestimme diesen Zeitpunkt einfach durch lineare Interpolation aus den beiden Werthen von $2\,\vartheta_1$, zwischen denen der Vorzeichenwechsel eintritt. Diese einfache Interpolation scheint gerechtfertigt, da die Sinuskurve an der Nullstelle sich einer Geraden nähert.

Ist eine grössere Genauigkeit erforderlich, so wird man sich nicht mit den angegebenen Näherungen begnügen, sondern die weiteren Glieder der die Temperatur darstellenden Reihe berücksichtigen.

Für Eberswalde habe ich zunächst aus den Monatsmitteln die Koefficienten des ersten periodischen Gliedes nach der Lagrange-Besselschen Lösung ohne Beachtung der verschiedenen Monatslänge bestimmt. Dabei wurden die Monatsmittel mit Hilfe des folgenden Satzes auf den Monatsanfang umgerechnet.

Hat man vier aufeinander folgende Mittelwerthe einer Funktion dritten Grades und bezeichnet das Mittel der beiden inneren Werthe mit m, das der beiden äusseren mit m', so ist der Funktionswerth für den mittleren Zeitpunkt

$$= m + \frac{m - m'}{6}.$$

Zum Beweise setze man

$$\vartheta = \mathfrak{a} + 2\mathfrak{b}t + 3\mathfrak{c}t^2 + 4\mathfrak{d}t^3,$$

---

[1]) A. Schmidt, Theoretische Verwerthung der Königsberger Bodentemperaturbeobachtungen. Gekrönte Preisschrift. Schrift. d. Physikal-ökonom. Ges., Königsberg i. Pr., 32. Jahrg., 1891, S. 116. — O. Frölich, Ueber den Einfluss u. s. w. S. 16.

[2]) Vgl. A. Schmidt, a. a. O. S. 120, Anmerk.

dann wird

$$m = \frac{1}{2}\int_{-1}^{0} \vartheta\,dt + \frac{1}{2}\int_{0}^{1} \vartheta\,dt = \mathfrak{a} + \mathfrak{c}$$

$$m' = \frac{1}{2}\int_{-2}^{-1} \vartheta\,dt + \frac{1}{2}\int_{1}^{2} \vartheta\,dt = \mathfrak{a} + 7\mathfrak{c}$$

also

$$7m - m' = 6\mathfrak{a} \quad\text{und}\quad \mathfrak{a} = m + \frac{m - m'}{6}.$$

Schliesslich habe ich die Koefficienten des ersten periodischen Gliedes nach der Methode von Weihrauch[1]) berechnet, bei der dem Umstande, dass die Monatsmittel Mittelwerthe für verschieden lange Zeiträume sind, Rechnung getragen ist.

Die oben angegebene Näherungsrechnung mit Hilfe der Differenzenreihe ist mit den auf $0{,}1^0$ wie mit den auf $0{,}01^0$ abgerundeten Temperaturmitteln von Eberswalde durchgeführt, die genaueren Rechnungen mit den bis $0{,}01^0$ gehenden Werthen, die ich in Tafel XVII folgen lasse.

XVII. **Eberswalde. Bodentemperatur.** Monatsmittel 1876—90.

Tiefe	Jan.	Febr.	März	April	Mai	Juni	Juli	Aug.	Sept.	Okt.	Nov.	Dec.	Jahr
					Feldstation.								
60 cm	1,19	0,90	1,76	5,99	11,17	15,39	17,23	17,04	14,66	10,25	5,76	2,84	8,68
90 »	1,99	1,47	2,05	5,44	10,18	14,25	16,27	16,47	14,68	10,91	6,67	3,77	8,68
120 »	2,73	2,05	2,38	5,09	9,36	13,23	15,34	15,89	14,63	11,39	7,52	4,64	8,69
					Waldstation.								
60 cm	2,39	1,92	2,47	5,13	8,73	12,40	14,38	14,79	13,59	10,27	6,71	4,01	8,07
90 »	3,28	2,60	2,91	4,88	7,97	11,24	13,28	14,01	13,30	10,77	7,61	5,04	8,07
120 »	3,98	3,15	3,21	4,73	7,39	10,41	12,38	13,33	12,94	11,02	8,21	5,75	8,04

Auf der Waldstation sind für die grösste Tiefe die ersten vier Jahre durch Differenzenbildung gegen die nächste Tiefe interpolirt.

---

[1]) K. Weihrauch, Fortsetzung der Neuen Untersuchungen über die Besselsche Formel. Schrift. d. Naturforscher-Ges., Dorpat, V, 1890, S. 59. — L. Grossmann, Ueber die Anwendung der Besselschen Formel. Archiv d. Seewarte, XVII, 5, Hamburg 1894, S. 15.

Schubert.   3

In der Zusammenstellung der Werthe von a^2 für Eberswalde bezeichnet

A_1 die aus der Differenzenreihe $2\vartheta_1$ erhaltenen Näherungswerthe bei Abrundung der Temperaturmittel auf 0,1 ^{0},

A_2 dieselben Werthe bei Abrundung auf 0,01 ^{0},

B die nach der Lagrange-Besselschen Lösung,

C die nach der Methode von Weihrauch gefundenen Resultate.

XVIII. Eberswalde, 1876—90.

Werthe der Wärmeleitungskonstanten a^2.

Tiefe	Aus den	A_1		A_2		B		C	
				Feldstation.					
60 bis 90 cm	Amplituden	0,73	0,70	0,687	0,691	0,6356	0,6158	0,6385	0,6304
	Phasen	0,68		0,695		0,5960		0,6224	
90 » 120 »	Amplituden	0,68	0,72	0,683	0,702	0,6677	0,6632	0,6605	0,6456
	Phasen	0,77		0,721		0,6587		0,6307	
60 » 120 »	Amplituden	0,70	0,71	0,685	0,696	0,6516	0,6395	0,6495	0,6380
	Phasen	0,72		0,708		0,6274		0,6266	
				Waldstation.					
60 bis 90 cm	Amplituden	0,34	0,37	0,359	0,375	0,3163	0,3477	0,3300	0,3592
	Phasen	0,40		0,391		0,3791		0,3884	
90 » 120 »	Amplituden	0,51	0,48	0,486	0,470	0,5770	0,4988	0,4485	0,4687
	Phasen	0,45		0,453		0,4207		0,4889	
60 » 120 »	Amplituden	0,43	0,43	0,422	0,422	0,4466	0,4233	0,3892	0,4189
	Phasen	0,42		0,422		0,3999		0,4386	

Durch Vergleich mit den rechts unter C stehenden am schärfsten bestimmten Zahlen lässt sich der Genauigkeitsgrad der anderen Methoden abschätzen. Die Uebereinstimmung ist auf der Waldstation besser als auf der Feldstation. Die unter A_1 verzeichneten Einzelwerthe sind auf dem Felde nur bis auf etwa ein Zehntel ihres Werthes sicher. Ich habe für sämmtliche Stationen a^2 nach der Näherungsmethode A_1 und zwar aus den Amplituden berechnet. Da in Carlsberg eine Verlegung der Stationen stattgefunden hat, sind auch die Zeiträume vor und nach derselben getrennt behandelt. Wie aus den vorstehenden Bemerkungen erhellt, sollen die Zahlen in Tafel XIX nur zur ungefähren Kennzeichnung der Boden-

XIX. Wärmeleitungskonstanten a^2 (cm²/min.).

cm	Feld			Wald			Mittel	Bodenart
	60—90	90—120	60—120	60—90	90—120	60—120		
Kurwien . .	0,26	0,31	0,28	0,27	0,46	0,37	0,33	
Lintzel . . .	0,40	0,48	0,44	0,37	0,47	0,42	0,43	Sand
Hagenau . .	0,43	0,54	0,49	0,24	0,37	0,31	0,40	Mittel 0,41
Eberswalde .	0,72	0,68	0,70	—	—	—	} 0,56	
Eberswalde .	—	—	—	0,34	0,51	0,43		lehmiger
Fritzen . . .	0,55	0,61	0,58	0,34	0,46	0,40	0,49	Sand
Schoo . . .	0,48	0,75	0,62	0,73	1,05	0,89	0,75	Mittel 0,53
Carlsberg . .	0,35	0,42	0,39	0,21	0,35	0,28	0,33	
Hadersleben .	0,46	0,56	0,51	0,30	0,66	0,48	0,49	Lehm
Marienthal . .	0,41	0,42	0,41	0,81	0,97	0,89	0,65	Thon
Friedrichsrode	0,24	0,26	0,25	0,17	0,22	0,20	0,22	Kalk
Neumath . .	0,36	0,44	0,40	0,41	0,43	0,42	0,41	
Lahnhof. . .	0,32	0,35	0,34	0,34	0,24	0,29	0,31	Grauwacke
Hollerath . .	0,29	0,45	0,37	0,16	0,44	0,30	0,34	
Schmiedefeld .	0,24	0,28	0,26	0,28	0,56	0,42	0,34	Porphyr
Sonnenberg .	0,81	0,86	0,83?	0,25	0,54	0,39	0,61?	Granit
Melkerei . .	0,17	0,66	0,41	0,17	0,28	0,22	0,32	
Carlsberg 1.Febr.1877—86	0,38	0,41	0,40	0,22	0,55	0,38	0,39	
1.März 1886—91	0,29	0,46	0,38	0,15	0,21	0,18	0,28	

Mittel aus allen 16 Stationen.

| 0,406 | 0,504 | 0,455 | 0,337 | 0,501 | 0,419 | 0,437 |

Mittel für reine und lehmige Sandböden.

7 Stationen . | 0,46 | 0,54 | 0,50 | 0,36 | 0,52 | 0,44 | 0,470 |

beschaffenheit in Bezug auf die Wärmeleitung dienen. Ein grosses a^2 deutet an, dass die Temperaturänderungen mit grosser Stärke und Schnelligkeit in die Tiefe dringen.

Bei den Gesteinsarten ist im Auge zu behalten, dass es sich nicht um festes Gestein, sondern um verschieden weit vorgeschrittene Verwitterungen handelt. Für reine und lehmige Sandböden, wie für beide zusammen, habe ich Mittelwerthe gebildet. Die Mitteltemperatur ist für alle Feldstationen 7,7 °, für die reinen und lehmigen Sandböden 8,2 °, im Walde je ein Grad tiefer. Die gefundenen Resultate sind mit denen früherer Untersuchungen in gutem Einklange [1]).

Beim Vergleich der beiden Schichten 60/90 und 90/120 cm zeigt sich in den Mitteln, wie fast ausnahmslos im Einzelnen, dass die obere Schicht die Wärme schlechter leitet. Ein Grund hierfür liegt in der Beschaffenheit der oberen Bodenschicht, die lockerer und zum Theil wasserärmer und weniger gesteinführend ist als die tiefere.

6. Der Wärmeaustausch im Erdboden.

Es bezeichne C die Wärmekapacität pro Volumeneinheit, d. h. die Wärmemenge, deren Zuführung die Temperatur (ϑ) der Volumeneinheit um einen Grad erhöht. Dann ist die unter der Oberflächeneinheit bis zur Tiefe x im Erdboden in Form von Wärme aufgespeicherte Energie

$$u = \int_0^x C\vartheta\,dx + \mathit{Konst.},$$

wo die Konstante von der Wahl des Nullpunkts abhängt [2]). Reicht x so tief, dass die Temperatur dort als unveränderlich gelten kann, und bezeichnet u_a das Maximum, u_i das Minimum der Funktion u im Laufe eines Jahres oder Tages, so nennen wir mit Herrn v. Bezold die Differenz

$$u_a - u_i$$

den jährlichen oder täglichen Wärmeaustausch im Erdboden. Dabei ist vorausgesetzt, dass das im Boden befindliche Wasser seinen Aggregatzustand nicht ändere. Ferner nehmen wir an, dass die Schwankungen des Wassergehaltes und der davon abhängenden Wärmekapacität zu vernachlässigen seien, so dass wir für den betrachteten Zeitraum einen Mittelwerth von C zu Grunde legen können.

Die Berechnung des jährlichen Wärmeaustausches nach dem vorstehenden von Herrn v. Bezold angewandten Verfahren erfordert

[1]) Vgl. H. Wild, Ueber die Bodentemperaturen u. s. w. S. 79. — A. Müttrich, Beob. der Erdbodentemperatur u. s. w. S. 176.

[2]) W. v. Bezold, Der Wärmeaustausch an der Erdoberfläche und in der Atmosphäre. Sitzungsber. d. K. Pr. Akad. d. Wissensch. zu Berlin 1892, S. 1139 u. f. S. S. 1168.

die Kenntniss der Temperatur und der Wärmekapacität bis zu einer Tiefe, in der die jährlichen Temperaturschwankungen unmerklich werden. Nun beträgt die Tiefe, in der die jährliche Schwankung auf 0,1 ⁰ sinkt, im Durchschnitt der Freistationen 14 Meter, während die Temperaturmessungen nur bis zu 1,2 m reichen. Um ohne Beobachtungen in den tieferen Schichten den jährlichen Gang der Bodenwärme wenigstens annähernd zu bestimmen, habe ich folgenden Weg eingeschlagen.

Die während eines Zeitraums $t - t_0$ durch die Oberfläche in den Boden gedrungene Wärme $u - u_0$ hat theils zur Erhöhung der Temperatur in der Schicht 0 bis x gedient, theils ist sie durch die untere Begrenzung dieser Schicht, durch die x-Ebene, in die Tiefe gegangen. Für die Oberflächeneinheit ist der erste Theil

$$= \int_0^x C\vartheta\, dx - \int_0^x C\vartheta_0\, dx,$$

wenn ϑ_0 und ϑ die Temperatur zur Zeit t_0 und t bezeichnen. Der andere Theil ist

$$= -k \int_{t_0}^t \frac{\partial \vartheta}{\partial x}\, dt,$$

wo k die Leitungsfähigkeit des Bodens bedeutet. Zwischen den drei Konstanten a^2, C, k besteht die Beziehung

$$a^2 = \frac{k}{C}.$$

Durch Zusammensetzung der beiden Wärmemengen erhält man

$$u - u_0 = \int_0^x C\vartheta\, dx - \int_0^x C\vartheta_0\, dx - k \int_{t_0}^t \frac{\partial \vartheta}{\partial x}\, dt$$

oder

$$u = \int_0^x C\vartheta\, dx - k \int_{t_0}^t \frac{\partial \vartheta}{\partial x}\, dt + Konst.$$

Diese Grösse stellt die im Boden enthaltene Wärme (Energie) als Funktion der Zeit dar und wie vorhin erhält man den jährlichen Wärmeaustausch als Differenz zwischen Maximum und Minimum von u.

Zur Ermittelung des ersten Integrals sind die früher berechneten Temperaturen für den Monatsanfang benutzt; die Grenze x ist gleich 75 Centimeter angenommen. Auf diese Tiefe bezieht sich auch die

Leitungsfähigkeit k im zweiten Integral. Letzteres ist mit Hilfe der Monatsmittel berechnet, wobei näherungsweise

$$-\frac{\partial \vartheta}{\partial x} = \frac{\vartheta_{60} - \vartheta_{90}}{30}$$

gesetzt wurde. Nimmt man an, dass C mit der Tiefe nicht veränderlich sei, so wird

$$u = C\left[\int_0^x \vartheta\, dx - a^2 \int_{t_0}^t \frac{\partial \vartheta}{\partial x}\, dt\right] + Konst.$$

Ist die Wärmeleitungskonstante $a^2 = \frac{k}{C}$ bekannt, so lässt sich der in der Klammer stehende Ausdruck berechnen. Zur Kenntniss von u würde noch die von C erforderlich sein. Kennt man C nicht, kann aber für zwei Stationen annehmen, dass es ein und denselben Werth besitzt, so lässt sich wenigstens das Verhältniss des Wärmeaustausches für beide Stationen ermitteln. Ich habe angenommen, dass wenn a^2 auf einer Feld- und der benachbarten Waldstation nahezu denselben Werth hat, auch C auf beiden Stationen annähernd gleich wäre. Es trifft dies für die Stationen Lintzel, Kurwien, Lahnhof, Melkerei zu, für welche die Werthe von a^2 in der Schicht 60—90 cm aus Tafel XIX benutzt sind. Für die vier Orte ist die Bodenwärme pro Quadratcentimeter Oberfläche in ihrem jährlichen Verlaufe angegeben. Die Maxima und Minima sind durch parabolische Interpolation bestimmt. Als Wärmeeinheit gilt die kleine oder Gramm-Kalorie (cal.). Um einen angenäherten Werth von u zu bekommen, ist $C = 0{,}4$ angenommen.

Für Eberswalde habe ich versucht, genauere Zahlen zu erlangen. Aus Tafel XVIII entnehmen wir als zuverlässigste Werthe der Wärmeleitungskonstanten a^2

in 60 bis 90 cm Tiefe im Felde 0,6304, im Walde 0,3592,
„ 90 „ 120 „ „ „ „ „ 0,6456, „ „ 0,4687.

Der Sprung in den Zahlen der Waldstation liess mich einen Wechsel der Bodenart vermuthen, was beim Nachgraben bestätigt wurde. Nach der Tiefe hin geht der Boden, der oben Sand ist, in festen Lehm über. Am 22. November 1898 wurden Bodenproben entnommen, auf dem Felde drei, im Walde wegen der wechselnden Beschaffenheit fünf. Bei der Bodenuntersuchung hat mich Herr Professor Ramann freundlichst unterstützt und mir auch die Hilfsmittel des Laboratoriums für Bodenkunde zur Verfügung gestellt, wofür ich hiermit meinen besten Dank abstatte.

Die Bodenproben wurden entnommen mit einem cylinderförmigen Eisengefäss, das unten einen scharfen, oben einen verdickten Rand hatte, an welch letzteren ein Deckel fest angesetzt werden konnte. Die Höhe betrug 11,0 cm, der obere Kreisdurchmesser 10,77, der untere 10,62 cm, das Volumen also 988 ccm.

Nachdem eine etwa ein Meter tiefe Grube gegraben, wurde an einer möglichst unbeschädigten Seitenwand vorsichtig eine kleine horizontale Ebene freigelegt, auf diese das Eisengefäss aufgesetzt und durch Schläge mit einem Holzhammer senkrecht eingetrieben. Dann wurde unter den unteren Rand von der Seitenwand der Grube her ein scharfkantiges Blechstück untergeschoben, oben der Deckel angesetzt und das Gefäss, von der anliegenden Erde befreit, unter Festhaltung des unten schliessenden Bleches emporgehoben und in einen undurchlässigen, festen Papierbeutel entleert.

Nach Bestimmung des Gesammtgewichts wurde den Proben durch mehrtägigen Aufenthalt im Trockenofen das Wasser entzogen und durch erneute Wägung die Menge der Trockensubstanz ermittelt. Nach Aussonderung der Steine wurde für kleinere Proben der Humusgehalt als Glühverlust bestimmt. Die Ermittelung des Thongehaltes der unteren Schichten im Walde ist nur nach Schätzung erfolgt, wobei durch Bestimmung des specifischen Gewichts ein Anhalt gewonnen wurde. Ein merklicher Fehler in der Wärmekapacität wird hierdurch nicht herbeigeführt, da die specifische Wärme von Quarz und Thon nahezu die gleiche ist. Die geschätzten Zahlen sind in der nachfolgenden Zusammenstellung XX eingeklammert. Dagegen fällt die Unsicherheit in der Ermittelung des Wassergehalts mehr ins Gewicht. Der Einzelbestimmung für den Tag der Bodenentnahmen kann wegen der Schwankungen des Wassergehalts keine grosse Bedeutung beigemessen werden. Wir haben versucht, aus einer grossen Zahl in der Nachbarschaft in ähnlichen Bodenarten vorgenommener Wasserbestimmungen zunächst mittlere Werthe für die Monate April bis Oktober abzuleiten. Unter Berücksichtigung des Umstandes, dass der Boden sich im Winter mit Wasser sättigt, wurde dann der durchschnittliche Wassergehalt für das Jahr schätzungsweise festgesetzt.

In Eberswalde liegen zweistündliche Beobachtungen der Bodentemperatur für die Zeit vom 16. bis 30. Juni 1879 vor. Um diese hier verwerthen zu können, wurde unter Berücksichtigung der damaligen Regenverhältnisse auch der Wassergehalt für die zweite Hälfte Juni festgesetzt.

Eberswalde.

Wassergehalt in Gewichtsprocent der Trockensubstanz.

Feld			Wald		
Tiefe	Jahr	Juni	Tiefe	Jahr	Juni
5 bis 16 cm	7	5	0 bis 11 cm	7	5
			10 » 21 »	5	$4\frac{1}{2}$
35 » 46 »	5	4	30 » 41 »	5	$4\frac{1}{2}$
			50 » 61 »	6	5
70 » 81 »	4	$3\frac{1}{2}$	70 » 81 »	8	6

Nimmt man bei der Wasserbestimmung eine Unsicherheit von $1\,^0/_0$ an, so kommt man bei C auf eine von etwa $1\frac{1}{2}$ Einheiten in der zweiten Stelle, d. h. bis fast $4\,^0/_0$. Der Werth von C ist für die Tiefen, aus denen Bodenproben entnommen wurden, nach der Formel

$$C = \frac{m_1 c_1 + m_2 c_2 + \cdots}{v}$$

berechnet, in der $v = 988$ (ccm) das Volumen, m_1, m_2, ... die darin enthaltenen Mengen (g) der einzelnen Stoffe, c_1, c_2, ... die zugehörigen Werthe der specifischen Wärme bezeichnen. Letztere sind einer Arbeit des Herrn R. Ulrich[1]) entnommen, für Wasser ist rund $c = 1$ gesetzt.

XX. Bodenanalyse und Bestimmung der Wärmekapacität.

Eberswalde.

	Freies Feld			Kiefernwald				
Tiefe	5—16	35—46	70—81	0—11	10—21	30—41	50—61	70—81 cm
Gewichte, g in 988 ccm:								
Quarz	1538,8	1551,3	1594,9	1176,3	1333,8	1404,6	1488,5	1538,7
Thon	—	—	—	—	—	(7,0)	(20,0)	(70,0)
Humus	22,6	6,1	—	28,6	16,3	(7,0)	—	—
Trockensubstanz	1561,4	1557,4	1594,9	1204,9	1350,1	1418,6	1508,5	1608,7
Wasser . . .	130,3	66,1	38,6	79,0	41,6	72,5	82,5	141,0
Im Ganzen	1691,7	1623,5	1633,5	1283,9	1391,7	1491,1	1591,0	1749,7

[1]) Unters. über die Wärmekapacität der Bodenkonstituenten. Forsch. Agrikulturphysik v. E. Wollny, 17. Bd., 1894, S. 1. — Meteorol. Zeitschr. 1896, S. 79.

		Freies Feld			Kiefernwald				
Tiefe		5—16	35—46	70—81	0—11	10—21	30—41	50—61	70—81 cm

Wasserwerthe, g in 988 ccm:

	Specifische Wärme								
Quarz . .	0,191	293,9	296,3	304,6	224,6	254,7	268,3	284,2	293,9
Thon . .	0,224	—	—	—	—	—	1,6	4,5	15,7
Humus .	0,443	10,0	2,7	—	12,7	7,2	3,1	—	—
Trockensubstanz		303,9	299,0	304,6	237,3	261,9	273,0	288,7	309,6

Für ein ccm Trockensubstanz:

Gewicht . . . g	1,580	1,576	1,614	1,219	1,366	1,436	1,527	1,628
Wasserwerth . . g	0,307	0,302	0,308	0,240	0,265	0,276	0,292	0,313

Wassergehalt, g pro ccm:

Am 22. Nov. 98 . .	0,132	0,067	0,039	0,080	0,042	0,073	0,084	0,143
Jahresdurchschnitt	0,111	0,079	0,065	0,085	0,068	0,072	0,092	0,130
Juni	0,079	0,063	0,057	0,061	0,061	0,065	0,076	0,098

Wärmekapacität, cal. pro ccm:

Am 22. Nov. 98 . .	0,439	0,369	0,347	0,320	0,307	0,349	0,376	0,456
Jahresdurchschnitt.	0,418	0,381	0,373	0,325	0,333	0,348	0,384	0,443
Juni	0,386	0,365	0,365	0,301	0,326	0,341	0,368	0,411

Aus den Schlussergebnissen der Tafel **XX** sind die Werthe von C für die Tiefen der einzelnen Thermometer graphisch bestimmt. Bezeichnet $\varDelta x$ die Dicke der Erdschicht, für die ein Thermometer die Temperatur (ϑ) angiebt, so ist näherungsweise die Wärmemenge bis zur Tiefe x

$$\int_0^x C\vartheta\,dx = \varSigma C\vartheta\varDelta x.$$

Die Werthe von C und $C\varDelta x$ für Eberswalde sind in der folgenden Zusammenstellung (S. 42) enthalten.

Zur Berechnung der durch die Grenzebene $x = 75$ (cm) strömenden Wärme dienen die Werthe der Leitungsfähigkeit

$$k = a^2 C = 0,6304 \cdot 0,373 = 0,235 \text{ im Felde,}$$
$$k = a^2 C = 0,3592 \cdot 0,443 = 0,159 \text{ „ Walde.}$$

XXI. **Eberswalde.**

| Tiefe x | Δx | Jahresdurchschnitt | | | | Δx | Juni | | | |
| | | Feld | | Wald | | | Feld | | Wald | |
cm	cm	C	$C \cdot \Delta x$	C	$C \cdot \Delta x$	cm	C	$C \cdot \Delta x$	C	$C \cdot \Delta x$
1	7	0,430	3,01	0,323	2,26	7	0,393	2,75	0,294	2,06
15	15	0,412	6,18	0,333	5,00	15	0,383	5,74	0,325	4,88
30	23	0,394	9,06	0,344	7,91	23	0,372	8,56	0,337	7,75
60	26	0,377	9,80	0,397	10,32	30	0,365	10,95	0,377	11,31
90	4	0,370	1,48	0,460	1,84	30	0,365	10,95	0,430	12,90
120	—	—	—	—	—	30	0,365?	10,95	0,443?	13,29

Beim täglichen Gange[1]) im Juni wurde nur der Ausdruck

$$\int_0^x C\,\vartheta\,dx = \varSigma C\,\vartheta\,\varDelta x$$

bis zur Tiefe $x = 135$ (cm) berechnet; in und unterhalb dieser Grenze
sind die täglichen Temperaturschwankungen verschwindend. Daher
ist es auch ohne Belang, dass der Werth von C für 120 cm Tiefe
extrapolirt wurde. Die Maxima und Minima für Jahr und Tag in
Eberswalde sind graphisch bestimmt.

In Tafel **XXII** ist für jeden Monatsanfang angegeben, um
wieviel Gramm-Kalorieen die unter einem Quadratcentimeter Oberfläche im Erdboden in Form von Wärme enthaltene Energiemenge vom Jahresdurchschnitt abweicht.
Die Unsicherheit ist bei den erstgenannten vier Stationen, auch abgesehen von dem nach Gutdünken gewählten Faktor $C = 0{,}4$, etwas
grösser als für Eberswalde. Dadurch, dass die Kombination $^1/_2\,(8^{\mathrm{a}} + 2^{\mathrm{p}})$
auch in den oberen Erdschichten als Tagesmittel benutzt wurde,
scheinen bei der Wärmeberechnung nur unbedeutende Fehler entstanden zu sein, wie aus Tafel **XXIV** zu entnehmen ist.

---

[1]) Vgl. Theodor Homén, Bodenphysikalische und meteorologische Beobach-
tungen mit besonderer Berücksichtigung des Nachtfrostphänomens, Berlin 1894. —
Ders., Der tägliche Wärmeumsatz im Boden und die Wärmestrahlung zwischen
Himmel und Erde, Leipzig 1897. S.-A. aus: Acta Soc. Scient. Fennicae Tom XXIII,
No. 3, Helsingfors 1897.

XXII. **Wärmemenge im Erdboden,** cal. pro qcm.

Abweichung vom Jahresdurchschnitt.

Monatsanfang.

	Jan.	Febr.	März	April	Mai	Juni	Juli	Aug.	Sept.	Okt.	Nov.	Dec.	
Höhe — Feldstationen.													
Lintzel . . 97 m	−280	−492	−608	**−616**	−372	12	356	564	**620**	536	276	4	$C = 0{,}4$ angenommen.
Kurwien. . 131 »	−264	−428	−544	**−548**	−312	24	316	528	**580**	460	220	−32	
Lahnhof. . 607 »	−184	−348	−464	**−508**	−380	− 88	196	424	**548**	492	288	24	
Melkerei. . 909 »	−196	−340	−448	**−448**	−300	− 8	224	408	**492**	416	208	− 8	
Eberswalde 42 »	−400	−700	−866	**−875**	−522	− 24	445	790	**937**	804	418	− 7	
Waldstationen.													
Lintzel, Schonung .	−276	−496	−596	**−620**	−380	− 16	268	524	**640**	612	328	12	$C = 0{,}4$ angenommen.
Kurwien, Kiefer .	−148	−332	−460	**−512**	−384	−108	180	412	**508**	468	296	80	
Lahnhof, Buche .	− 76	−252	−388	**−456**	−384	−144	92	300	**448**	444	292	124	
Melkerei, Buche .	−128	−240	−312	**−316**	−212	− 40	124	272	**348**	320	172	12	
Eberswalde, Kiefer	−205	−437	−577	**−618**	−449	−155	201	478	**643**	627	395	97	

XXII a. **Zunahme der Bodenwärme**

während der einzelnen Monate.

	Jan.	Febr.	März	April	Mai	Juni	Juli	Aug.	Sept.	Okt.	Nov.	Dec.	
Höhe — Feldstationen.													
Lintzel . . 97 m	−212	−116	− 8	244	**384**	344	208	56	− 84	−260	**−272**	**−284**	$C = 0{,}4$ angenommen.
Kurwien. . 131 »	−164	−116	− 4	236	**336**	292	212	52	−120	−240	**−252**	−232	
Lahnhof. . 607 »	−164	−116	− 44	128	**292**	284	228	124	− 56	−204	**−264**	−208	
Melkerei. . 909 »	−144	−108	0	148	**292**	232	184	84	− 76	−208	**−216**	−188	
Eberswalde 42 »	−300	−166	− 9	353	**498**	469	345	147	−133	−386	**−425**	−393	
Waldstationen.													
Lintzel, Schonung .	−220	−100	− 24	240	**364**	284	256	116	− 28	−284	**−316**	−288	$C = 0{,}4$ angenommen.
Kurwien, Kiefer .	−184	−128	− 52	128	276	**288**	232	96	− 40	−172	−216	**−228**	
Lahnhof, Buche .	−176	−136	− 68	72	**240**	236	208	148	− 4	−152	−168	**−200**	
Melkerei, Buche .	−112	− 72	− 4	104	**172**	164	148	76	− 28	−148	**−160**	−140	
Eberswalde, Kiefer	−232	−140	− 41	169	294	**356**	277	165	− 16	−232	−298	**−302**	

Durchweg findet sich in Tafel XXII der niedrigste Stand der Bodenwärme am 1. April, der höchste am 1. September[1]). Abgesehen von Lintzel, wo nur eine Schonung besteht, weichen die Waldstationen zu diesen Zeitpunkten weniger vom Jahresdurchschnitt ab als die frei gelegenen. Die Jahreskurven haben auf allen Stationen ähnliche Form; in Eberswalde zeigen sie einen sehr regelmässigen Verlauf (Fig. S. 46).

In Tafel XXIIa sind die Wärmemengen angegeben, die in jedem Monat durch 1 qcm der Oberfläche in den Boden dringen. Ein negatives Vorzeichen bedeutet also eine Wärmeabgabe nach Aussen. Im freigelegenen Boden (Acker, Wiese, Haide) findet die grösste Wärmezufuhr im Mai, die stärkste Wärmeabgabe im November oder December statt. Erstere ist durchweg grösser als Letztere. Demgemäss dauert die Wärmezufuhr nur fünf Sommermonate, die Abgabe sieben Wintermonate; die Wärmeabgabe im März ist allerdings verschwindend.

Im Waldboden erscheint der Wärmegang etwas verzögert, in Eberswalde, wie wir weiter unten (Tafel XXV) sehen werden, etwa um 8 Tage. Die grösste Wärmezufuhr findet sich im Mai oder Juni, die stärkste Abgabe im December oder November. Die Wärmezunahme ist wie im Freien auf fünf Monate zusammengedrängt.

Auf den Freistationen ist die Wärmeeinfuhr im Mai merklich stärker als im Juli, im April stärker als im August, trotzdem im Spätsommer die Sonne im Durchschnitt höher steht und die Tage länger sind als im Frühjahr. Die Temperatur der unteren Luftschicht nimmt ebenfalls im Juli und August nicht oder jedenfalls viel schwächer zu als im April und Mai. Dasselbe gilt vom Wasserdampfgehalt, so dass auch in dieser Form in den unteren Luftschichten während des Juli und August weniger Energie aufgespeichert wird als in den beiden Frühjahrsmonaten.

Es stellt sich demnach für den Spätsommer ein Wärmeüberschuss heraus, der den höheren Luftschichten zu gut kommt, soweit er nicht etwa durch stärkere Reflexion an der Wolkenoberfläche oder durch stärkere Ausstrahlung kompensirt wird.

Die Differenz zwischen der kleinsten im Boden vorhandenen Wärmemenge im Frühjahr und der grössten im Herbst ergiebt den gesammten jährlichen Wärmeaustausch d. h. die durch die

---

[1]) Die genaueren Eintrittszeiten für Eberswalde sind in Tafel XXV enthalten.

Oberfläche (1 qcm) im Sommer ein-, im Winter austretende Wärmemenge (cal.).

XXIII. Jährlicher Wärmeaustausch.

Station	Ungefähre Seehöhe m	Boden	Wald-bestand	Wärmeaustausch cal./cm²		
				Feld	Wald	Wald in %, von Feld
Lintzel . . 100		Sand	Kief.-u.Eich.-Schonung	1270	1290	102
Kurwien . . 130		»	90—150j. Kiefern	1160	1030	89
Lahnhof . . 600		Grauwacke	75—80j. Buchen	1060	920	87
Melkerei . . 920		verwitterter Granit	70—90j. Buchen	950	680	72
Eberswalde . 40		Sand	55j. Kiefern	1850	1290	70

$C = 0,4$ angenommen.

Die Zahlen in Tafel XXIII stellen nicht die ganze Energiezunahme während des Sommers dar, da ein Theil der eindringenden Wärme zur Verdunstung von Wasser im Erdboden verbraucht wird.

Rechnen wir 600 cal. auf die Verdunstung von 1 g Wasser, so reicht die oben für Eberswalde angegebene Wärmemenge nur zur Verdunstung einer Wasserschicht, deren Höhe rund im Felde 3 cm, im Walde 2 cm beträgt. Dies ist nur ein kleiner Bruchtheil der mittleren Regenmenge, die in Eberswalde 55 cm ausmacht.

Von dem Fehlbetrag, den der Wärmeaustausch im Waldboden gegenüber dem freien Felde zeigt, wird ein gewisser Theil auf die Wärmeschwankungen der auf dem Waldboden stehenden Holzmasse zu rechnen sein. In Eberswalde, dessen Verhältnisse wir zu Grunde legen, stehen etwa 300 Festmeter auf dem Hektar, das giebt eine Holzmasse von durchschnittlich 3 cm Höhe. Nimmt man die Wärmekapacität zu 0,5 und die jährliche Temperaturschwankung zu 20°, so erhält man den jedenfalls nicht zu niedrigen Werth von 30 cal. pro qcm für den Wärmeaustausch, während der Unterschied zwischen Feld- und Waldboden 540 cal. pro qcm ausmacht. Für die Erklärung dieser Differenz ist also die Temperaturänderung der Holzmasse unwesentlich, dagegen bedarf es, wie wir gesehen haben, zur Deckung des Fehlbetrages im Walde nur einer Mehrverdunstung von 1 cm Wasserhöhe durch die Bäume während des ganzen Sommers.

Noch in anderer Weise kann die von den Bäumen aufgefangene Wärme verwandt werden. Infolge der reichen Gliederung ihrer Theile bieten die Bäume der berührenden Luft besonders im Kronendach eine grosse Oberfläche dar, die den Ausgleich von Temperaturunterschieden begünstigt. Die Bäume geben daher die durch Einstrahlung

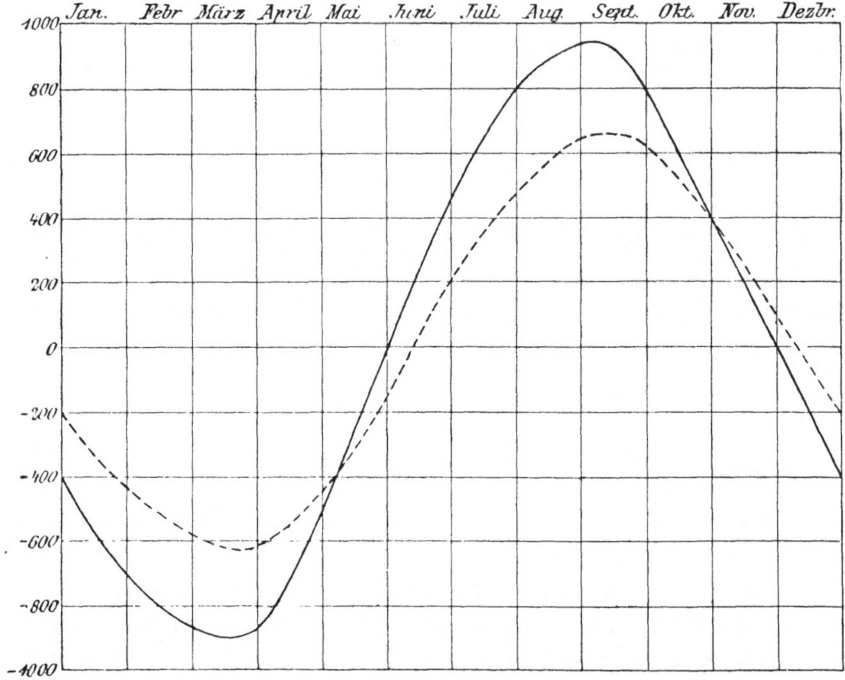

gewonnene Wärme leicht an die Luft ab und ergänzen die durch Ausstrahlung verlorene leicht von dort her. So wird ein Theil der Sonnenwärme nicht dem Boden, sondern durch Vermittelung der Bäume der Luft zugeführt; bei vorwiegender Ausstrahlung verringern die Bäume die Abgabe von Wärme aus dem Boden und entziehen diese der vorbeistreichenden Luft. Zwischen diesen beiden Wirkungen besteht aber eine wesentliche Verschiedenheit. Erwärmte Luft steigt auf, gelangt in bewegtere Schichten und vermischt sich mit anderen

Luftmassen: die Erwärmung wird sich am Orte ihrer Entstehung daher wenig bemerkbar machen. Abgekühlte Luft dagegen sucht nach dem Boden zu gelangen und dort zu bleiben: die Abkühlung beschränkt sich auf kleinere Luftmengen und wird lokal mehr hervortreten als die Erwärmung. Als lokale Gesammtwirkung der Bäume, insbesondere der Baumkronen, ergiebt sich hieraus eine Erniedrigung der Lufttemperatur zur Nacht und im Tagesmittel. Die bis jetzt vorliegenden Beobachtungen sind nicht im Widerspruch mit einer geringen derartigen Wirkung des Waldes.

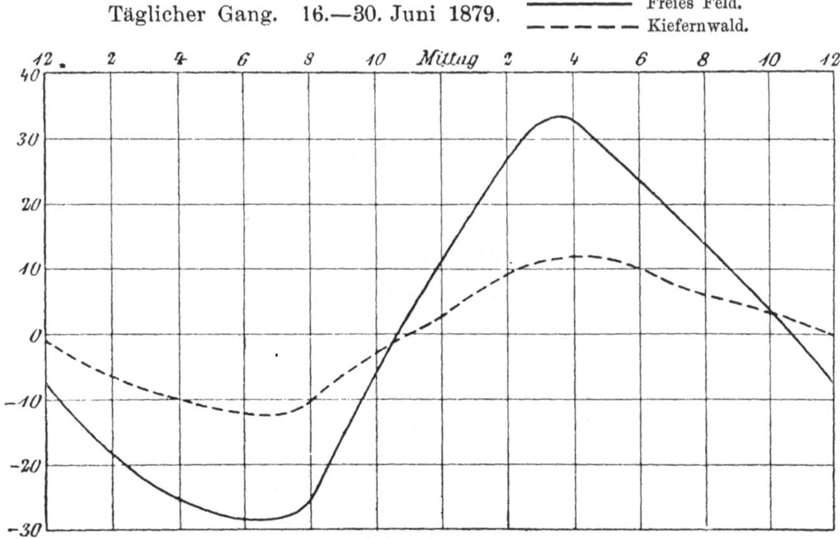

Ueber den täglichen Gang der Bodentemperatur liegen nur für 15 Tage zweistündliche Beobachtungen zu Eberswalde vor. Der daraus nach Befreiung vom jährlichen Gang berechnete tägliche Verlauf der Bodenwärme ist in Tafel XXIV (S. 48) und durch die Zeichnung dargestellt. Der Verlauf der Kurve für die Feldstation ist namentlich in Anbetracht der kurzen Beobachtungszeit ein sehr regelmässiger, während sich im Walde der Einfluss einer ungleichmässigen Beschattung auszusprechen scheint. Bei hohem Sonnenstande werden die Bäume weniger Schutz gewähren als bei niederem.

XXIV. Eberswalde, 16.—30. Juni 1879.

Wärmemenge im Erdboden. cal. pro qcm.

Abweichung vom Tagesdurchschnitt.

	Vormittag						Nachmittag					
	2	4	6	8	10	12	2	4	6	8	10	12
Feld . . .	—18,6	—25,6	**—28,5**	—25,4	—5,9	10,8	26,8	**32,8**	23,8	13,5	3,5	—7,2
Kiefernwald	—6,4	—9,8	**—12,0**	—10,0	—2,9	2,4	9,1	**11,5**	9,9	5,8	3,1	—0,7

Zunahme der Bodenwärme während zwei Stunden.

	Vormittag						Nachmittag					
	12—2	2—4	4—6	6—8	8—10	10-12	12—2	2—4	4—6	6—8	8—10	10—12
Feld . . .	**—11,4**	—7,0	—2,9	3,1	**19,5**	16,7	16,0	6,0	—9,0	—10,3	—10,0	—10,7
Kiefernwald	**—5,7**	—3,4	—2,2	2,0	**7,1**	5,3	6,7	2,4	—1,6	—4,1	—2,7	—3,8

Wir entnehmen (dem grösseren Original) der Zeichnung folgende Angaben über die Phasen der Wärmebewegung im Boden.

Eberswalde, 15.—30. Juni 1879	Eintrittszeiten				Dauer der	
	Minimum	Mittel	Maximum	Mittel	Er-wärmung	Ab-kühlung
	Vormittag		Nachmittag			
Feld	6ʰ 36′	10ʰ 42′	3ʰ 42′	10ʰ 36′	9ʰ 6′	14ʰ 54′
Wald	6ʰ 54′	11ʰ 9′	4ʰ 15′	11ʰ 36′	9ʰ 21′	14ʰ 39′
Unterschied . . .	18′	27′	33′	1ʰ	15′	—15′

Die Eintrittszeiten erfahren im Walde eine Verzögerung von 18 Minuten bis zu einer Stunde. Die Erwärmung geht schneller vor sich als die Abkühlung.

Im Walde beträgt die stärkste Wärmezunahme von 8 bis 10 Uhr Vormittags nur ein Drittel, die Abnahme von 12 bis 2 Uhr Nachts die Hälfte von der auf freiem Felde.

Am Nachmittage ist die Wärmezufuhr besonders im Freien geringer als in den entsprechenden Vormittagsstunden. Wie bei der jährlichen Periode der Spätsommer zeigt sich hier der Nachmittag als günstig für die Erwärmung der höheren Luftschichten.

Der tägliche Wärmeaustausch beziffert sich

für die Feldstation auf 62 cal. pro qcm,

„ „ Waldstation „ 24 „ „ „ oder

39 % des Werthes für die Feldstation.

Diese Zahlen erscheinen schon um die zur Verdunstung im Erd-boden verbrauchten Wärmemengen verkleinert. Sie entsprechen der Verdunstung einer Wasserschicht von

1 mm Höhe im Felde

und 0,4 „ „ „ Walde.

Der für die Feldstation gefundene Werth von 1 mm kommt der Niederschlagsmenge annähernd gleich, denn diese betrug im Juni 1879 im Ganzen 38 mm, also 1,3 mm pro Tag.

Berücksichtigt man, dass im jährlichen Gange in der zweiten Hälfte Juni im Freien etwa 14 cal. pro qcm im Tagesdurchschnitt einströmen, so ergiebt das tagüber eine Wärmezunahme von 76 cal. Das ist genau soviel als zur Verdunstung der gesammten Nieder-schlagsmenge erforderlich wäre $\left(\frac{3,8}{30} \cdot 600 = 76\right)$.

Nehmen wir an, dass die Grösse der Verdunstung etwas hinter der des Niederschlags zurückbleibt, so ergiebt sich folgende

Uebersicht über den täglichen Wärmehaushalt an der Erdoberfläche.

Von der Sonne gelieferte Wärme, abzüglich der
durch Leitung und Konvektion an die Luft
sowie durch Ausstrahlung wieder abgegebene
Menge, tagüber . . . . weniger als 152 cal. pro qcm,

zur Verdunstung verbraucht . . . weniger als 76 „ „ „

zur Temperaturänderung des Bodens verwandte
Wärme:

Zunahme am Tage . . . . 76 „ „ „

Abnahme in der Nacht . . . . 62 „ „ „

Ueberschuss in 24 Stunden . . . . . . 14 „ „ „

7. Zusammenhang zwischen Bodentemperatur und Bodenwärme.

Die Fourier-Poissonsche Theorie der Wärmeleitung wird von den Beobachtungen umsomehr abweichen, je ungleichmässiger der Boden ist und je mehr die komplicirteren Vorgänge in der Nähe der Oberfläche in Frage kommen. Nach diesem erneuten Hinweis auf die Einschränkungen, denen die Gültigkeit der Theorie unterliegt, behandeln wir den Zusammenhang zwischen Bodenwärme und Bodentemperatur auf Grund des oben S. 30 angeführten Ausdrucks für die Temperatur

$$\vartheta = \varrho_0 + \varrho_1 e^{-\frac{x}{a}\sqrt{\frac{\pi}{T}}} \sin\left(\frac{2\pi}{T}t + \lambda_1 - \frac{x}{a}\sqrt{\frac{\pi}{T}}\right)$$
$$+ \varrho_2 e^{-\frac{x}{a}\sqrt{\frac{2\pi}{T}}} \sin\left(\frac{4\pi}{T}t + \lambda_2 - \frac{x}{a}\sqrt{\frac{2\pi}{T}}\right) + \dots$$

Unter Annahme einer konstanten Wärmekapacität C ist die unter der Oberflächeneinheit bis zu einer unendlich grossen Tiefe im Erdboden enthaltene thermometrisch messbare Wärme bei geeigneter Wahl des Nullpunktes

$$u = \int_0^\infty C\vartheta\,dx = C\int_0^\infty \vartheta\,dx.$$

Durch Einsetzen von ϑ und Ausführung der Integration erhält man, wenn u_0 den (unendlich grossen) konstanten Wärmeantheil bezeichnet,

$$u = u_0 + C\varrho_1 a\sqrt{\frac{T}{2\pi}} \sin\left(\frac{2\pi}{T}t + \lambda_1 - \frac{\pi}{4}\right)$$
$$+ C\varrho_2 a\sqrt{\frac{T}{4\pi}} \sin\left(\frac{4\pi}{T}t + \lambda_2 - \frac{\pi}{4}\right) + \dots$$

Es tritt hierbei der günstige Umstand ein, dass die Konvergenz der Reihe für ϑ durch die Integration verbessert wird.

Für die Tiefe $x = 0$ ist die Temperatur

$$= \varrho_0 + \varrho_1 \sin\left(\frac{2\pi}{T}t + \lambda_1\right) + \varrho_2 \sin\left(\frac{4\pi}{T}t + \lambda_2\right) + \dots$$

Der Vergleich mit u ergiebt folgende Beziehung:

Die Schwingungen der Bodenwärme bleiben in ihren Phasen um $\frac{\pi}{4}$, d. h. um $^1/_8$ der ganzen Periode, im Jahr also um $1^1/_2$ Monate hinter denen der Temperatur in der Oberfläche ($x = 0$) zurück.

Um diesen Satz an der Erfahrung zu prüfen, habe ich für Eberswalde die Eintrittszeiten der Extreme und Mittel bestimmt und zwar einmal für die Temperatur, wie sie das oberste Thermometer in 1 cm Tiefe im Mittel aus 8ª und 2ᵖ angiebt, und dementsprechend für die gesammte Bodenwärme und zweitens für die ganzjährige Schwingung der Temperatur, wie sich aus 60, 90 und 120 cm Tiefe für $x = 0$ berechnet, und ebenfalls für die ganzjährige Schwingung der Bodenwärme. Hierbei ist unter Annahme nur zweier periodischer Glieder, wie früher, das erste durch Differenzenbildung zwischen den um 6 Monate von einander abstehenden Werthen isolirt.

XXV. Eintrittszeiten.

Oberflächentemperatur und Bodenwärme.

Eberswalde, 1876—90.	Gesammtschwingung der		Unterschied	Ganzjährige Schwingung der		Unterschied
	Temperatur in 1 cm Tiefe $\frac{1}{2}(8^a + 2^p)$	Bodenwärme		Temperatur in 0 cm Tiefe	Bodenwärme	
Freies Feld.						
Minimum . .	18. Jan.	21. März	62 Tage	20. Jan.	7. März	46 Tage
Mittel	18. April	2. Juni	45 »	19. April	1 Juni	43 »
Maximum . .	10. Juli	7. Sept.	59 »	20. Juli	7. Sept.	49 »
Mittel	13. Okt.	1. Dec.	49 »	19. Okt.	1. Dec.	43 »
Kiefernwald.						
Minimum . .	22. Jan	25. März	62 Tage	27. Jan.	18. März	50 Tage
Mittel	21. April	13. Juni	53 »	24. April	12. Juni	49 »
Maximum . .	20. Juli	16. Sept.	58 »	27. Juli	17. Sept.	52 »
Mittel	15. Okt.	10. Dec.	56 »	25. Okt.	12. Dec.	48 »

Zu beachten bleibt, dass die Bestimmung der Eintrittszeiten bei den Mitteln wesentlich schärfer ist als bei den Extremen. Mit Rücksicht auf diesen Umstand und die sonstigen Fehlerquellen erscheint die Uebereinstimmung zwischen der wirklichen Verzögerung und der theoretischen (45 bis 46 Tage) in Tafel XXV auf der Feldstation hinreichend, während im Walde die Verspätung durchweg zu gross ist.

Beim täglichen Gang würde die theoretische Verzögerung der Bodenwärme gegen die Temperatur in der Oberfläche 3 Stunden betragen. Im Zusammenhang hiermit sei nur kurz erwähnt, dass bei den Beobachtungen zu Eberswalde im Juni das Minimum der Bodenwärme

im freien Felde 2 Stunden 58 Minuten,
„ Kiefernwalde 3   „   16   „

nach Sonnenaufgang eintrat.

Eine einfache Beziehung zwischen den Phasen der Bodenwärme und denen der Temperatur lässt sich ohne Benutzung der Oberflächentemperatur in folgender Weise ableiten. Wir begnügen uns hierbei mit einer ersten Annäherung und betrachten nur das erste periodische, die ganzjährige Schwingung darstellende Glied.

Es sei $x = h$ die Tiefe, in der die Temperatur gleiche Phase mit der gesammten Bodenwärme hat, dann ergiebt sich aus den ersten periodischen Gliedern von ϑ und u für h die Gleichung

$$\frac{h}{a} \sqrt{\frac{\pi}{T}} = \frac{\pi}{4},$$

also

$$h = \frac{a}{4} \sqrt{\pi T} = 321{,}36\, a.$$

Für die ganzjährigen Schwingungen gilt also der Satz:

Die Bodenwärme hat mit der Temperatur in der Tiefe

$$h = \frac{a}{4} \sqrt{\pi T}$$

gleiche Phase.

Hiernach berechnet sich

für a^2 $\quad = 0{,}3\quad 0{,}4\quad 0{,}5\quad 0{,}6\quad 0{,}7$

die Tiefe $h = 1{,}76\quad 2{,}03\quad 2{,}27\quad 2{,}49\quad 2{,}69$ Meter,

also bei mittleren Werthen von a^2 **zwei bis zweieinhalb Meter.**

Schliesslich benutzen wir die Gleichung

$$u = u_0 + C\varrho_1 a \sqrt{\frac{T}{2\pi}}\, sin\left(\frac{2\pi}{T} t + \lambda_1 - \frac{\pi}{4}\right) + \cdots$$

zu einer sehr einfachen angenäherten Berechnung des jährlichen Wärmeaustausches. Bei Beschränkung auf die ganzjährige Schwingung erhalten wir

$$u_a - u_i = 2 C\varrho_1 a \sqrt{\frac{T}{2\pi}}.$$

Für ϱ_1 und a sind die bei Aufstellung der Tafel XIX gewonnenen Werthe verwandt, während wieder $C = 0{,}4$ angenommen ist. Die früher berechneten Werthe des gesammten jährlichen Wärmeaustausches sind in Tafel XXVI in Klammern beigefügt.

XXVI. Ganzjährige Schwankung der Bodenwärme, cal. pro qcm.

Station	Feld	Wald	Station	Feld	Wald
Kurwien . . . . ·	1260 (1160)	960 (1030)	Carlsberg . . .	1140	800
Fritzen	1770	1030	Schmiedefeld . .	950	840
Eberswalde . . . ·	1940 (1850)	1130 (1290)	Friedrichsrode .	1130	700
Marienthal . . .	1350	1340	Sonnenberg . .	1490	680
Lintzel . . . . ·	1300 (1270)	1130 (1290)	Lahnhof . . . ·	1010 (1060)	760 (920)
Hadersleben . .	1190	880	Hollerath . . .	850	620
Schoo . . . . . ·	1160	1190	Neumath . . .	1360	1170
Hagenau . . . . ·	1550	930	Melkerei . . .	910	640

Als Durchschnitt ergiebt sich im Felde 1270, im Walde 925 cal. pro qcm oder 73 % des im Felde erhaltenen Werthes. Diese Wärmemengen würden zur Verdunstung einer Wasserschicht von 2,1 cm Höhe im Felde und 1,5 cm Höhe im Walde hinreichen.

Es bedarf wohl kaum noch des Hinweises, dass die vorstehenden Zahlen, auch abgesehen von dem nach Gutdünken bestimmten Faktor $C = 0{,}4$, nur als erste Annäherung gelten sollen. Für die Zukunft wird vor Allem die direkte Bestimmung der Wärmekapacität auf weiteren geeignet erscheinenden Stationen und auf Grund dieser eine genauere Berechnung des Wärmehaushalts im Boden, wie sie hier nur für Eberswalde durchgeführt werden konnte, ins Auge zu fassen sein.